快/快/樂/樂/學

威力導演

影音剪輯與AI精彩創作

2024

關於文淵閣工作室

常常聽到很多讀者跟我們說：我就是看你們的書學會用電腦的。

是的！這就是寫書的出發點和原動力，想讓每個讀者都能看我們的書跟上軟體的腳步，讓軟體不只是軟體，而是提昇個人效率的工具。

文淵閣工作室創立於 1987 年，第一本電腦叢書 "快快樂樂學電腦" 於該年底問世。

工作室的創會成員鄧文淵、李淑玲在學習電腦的過程中，就像每個剛開始接觸電腦的你一樣碰到了很多問題，因此決定整合自身的編輯、教學經驗及新生代的高手群，陸續推出 "快快樂樂全系列" 電腦叢書，冀望以輕鬆、深入淺出的筆觸、詳細的圖說，解決電腦學習者的徬徨無助，並搭配相關網站服務讀者。

隨著時代的進步與讀者的需求，文淵閣工作室除了原有的 Office、多媒體網頁設計系列，更將著作範圍延伸至各類程式設計、影像編修、資料數據分析、AI 圖像生成、中老年人系列...等，深受讀者們與學校老師的支持，如果在閱讀本書時有任何的問題，歡迎至文淵閣工作室網站或者使用電子郵件與我們聯絡。

文淵閣工作室網站　http://www.e-happy.com.tw

服務電子信箱　e-happy@e-happy.com.tw

文淵閣工作室 Facebook 粉絲團　http://www.facebook.com/ehappytw

總 監 製：鄧文淵　　　　企劃編輯：鄧君如

監　　督：李淑玲　　　　責任編輯：鄧君怡

行銷企劃：鄧君如　　　　執行編輯：黃郁菁·熊文誠

本書特點

為了提升本書的學習效果，並能快速運用到日常生活或實際領域內，特別附上作者用心製作出來的完整範例檔案與相關素材、教學影片，可參考下列說明了解內容：

包含各章主範例需使用到的影片、相片、圖片、音樂素材檔案，以及完成的影片作品，另外還有完成專案檔提供學習時做為練習與對照之用。(書中範例均以試用版既有素材示範)

包含各章延伸練習範例需使用到的影片、相片、圖片、音樂素材檔案。

針對各章範例操作內容所錄製的教學影片，可於 <範例影片教學> 資料夾內，選按各章資料夾進入學習。

此為威力導演試用版下載說明 (書中範例均以試用版既有素材示範)，試用版相關限制以官網說明為主。若想使用最完整的功能與媒體素材，建議可購買正式版本。

本單元匯整了二大主題技巧：威力導演行動版、 YouTube 基本操作，以上提供 PDF 電子檔文件。

使用本書內容的注意事項說明。

本書書附資源乃提供給讀者自我練習及學校補教機構教學練習之用，版權分屬於文淵閣工作室所有，請勿將本書書附資源複製做其他用途。

本書學習資源

主題式範例分享 "威力導演 2024" 影音製作的實用技巧，以商品開箱、運動攝影、微電影、縮時攝影、漫畫風格短片、旅遊、廚藝教學、影音履歷…等各式主題範例帶你全面學習數位媒體創作。

書中以威力導演 2024 示範，各單元範例素材與完成檔可從此網站下載：**http://books.gotop.com.tw/DOWNLOAD/ACU086300**，下載檔案為壓縮檔，請解壓縮後再使用。

<本書範例> 資料夾中，檔案依各章編號資料夾分別存放，各章範例素材與完成檔又分別整理於 <原始檔> 與 <完成檔> 資料夾：

各章節資料夾中的 <完成專案檔> 資料夾，是為完成作品的專案檔與相關素材，以協助你更清楚各章操作說明與設定。

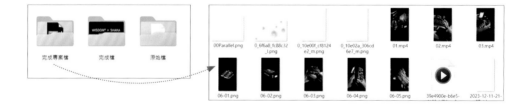

威力導演試用版軟體下載相關流程與檔案，可以參考 <試用版軟體下載說明> 資料夾，內有線上下載操作 PDF 說明文件與相關版權需知。

▼ 線上下載

本書學習資源及「威力導演行動版 / YouTube 基本操作」PDF 請至下列網址下載：

http://books.gotop.com.tw/DOWNLOAD/ACU086300
其內容僅供合法持有本書的讀者使用，未經授權不得抄襲、轉載或任意散佈。

學習指引

本書將學習如何透過 "威力導演 2024" 剪輯編修，在進入正式章節學習前，以下列出常會遇到的問題或需特別注意的項目，讓大家在學習過程更簡單好上手！

影片剪輯專案顯示比例

什麼是顯示比例？在威力導演 2024 專案的顯示比例分為 **16:9**、**21:9**、**1:1**、**4:5**、**9:16**、**4:3**、與 **360** 七種，為了本書範例在製作與說明上的統一性，除了 ch06 章節使用 **9:16** 比例、ch07 章節使用 **1:1** 比例外，其他章節所提供的範例影片都為 **16:9** 比例，所以在新增專案時，請依章節說明指定顯示比例，在製作上能更順手。

你可以在開啟威力導演的啟動畫面設定影片顯示比例，或者進入 **時間軸模式** 預覽畫面下方按 ■ **設定專案顯示比例** 設定顯示比例。

載入軟體預設的範例媒體素材

開啟威力導演 2024 新專案時，不會自動匯入軟體預設的範例媒體素材，如果想使用，可以於 ■ **媒體** 面板按 **使用範例媒體**，即會匯入。

閱讀方式

每章範例規劃了 **作品搶先看** 與 **製作流程** 二個單元，循序漸進引導理解與設計影片作品，不論是教學或是自學，都能快速學會影片編修，輕鬆成為剪輯大師！

影片構思與介紹　　作品搶先看與完成作品　　章節編號、章節名與介紹　　章名

頁碼　範例製作流程　　範例設計重點與儲存路徑　小提示說明　　步驟說明與圖片示意

每章主範例之後，規劃了 **延伸練習** 單元，讓主題式的學習更為紮實，以 "選擇題" 複習觀念，以 "實作題" 透過範例再次熟悉該章應用的相關功能。

目錄

入門篇

出色的 AI 數位影音創作

威力導演 2024 版本新增許多 AI 智能技術與特效,選按就能套用,迅速創造吸睛效果,不費力地剪輯出獨具風格的影片作品。

Chapter
05

YouTube 好物開箱 巢狀專案編輯

以好物開箱做為影片主題,利用 "巢狀專案編輯" 觀念,再加上商品說明、旁白、字幕、背景音樂、縮圖製作,到最後上傳到 YouTube,讓你一秒化身 YouTuber!

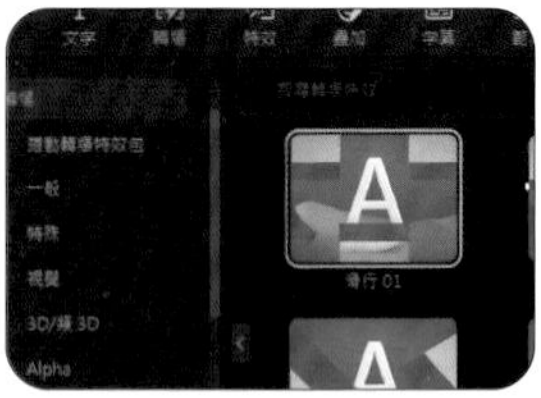

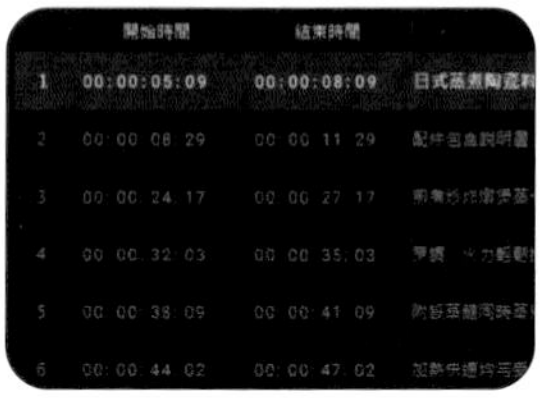

Chapter 06 潮流商品行銷 短影音後製剪輯

用手機或平板以直立方式拍攝影片，剪輯與全螢幕播放時常會二側黑黑。威力導演為直式影片提供 9:16 顯示比例剪輯環境，讓直式影片也能如同一般影片進行各類型專業的編輯。

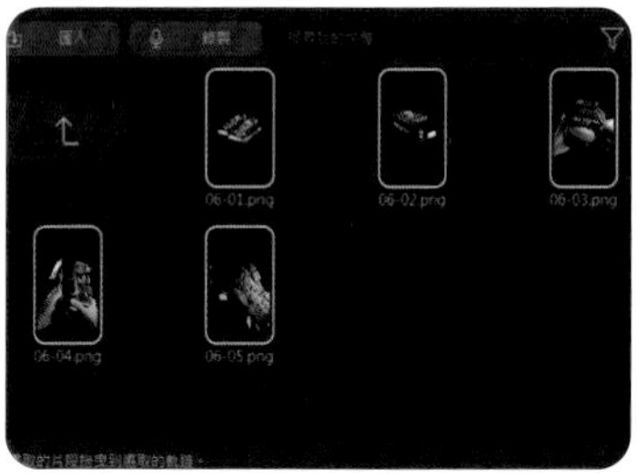

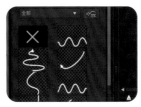

Chapter 07 手作創意幸福料理 文字與視訊特效運用

以製作披薩做為影片主軸,將食譜作法全程拍攝下來,再根據重點步驟分成多個影片片段,透過威力導演進行文字、特效與配樂佈置。

Chapter

08

捕捉時光瞬息 TimeLapse 縮時攝影

將大量相片轉換為影片並以縮時攝影的方式呈現，再搭配 AI 技術設計影片片頭以及
轉場效果，一次欣賞到五組瞬息萬變的美麗景色。

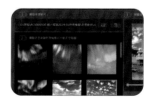

Chapter 09

海底世界漫畫風格短片　子母畫面打造多重拼貼

加入漫畫的巧思,如:分鏡格子的切割方式、貼網點、加輻射線...等,另外增加 AI 人物特效與自動物件偵測,讓影片呈現出漫畫畫面的張力與趣味。

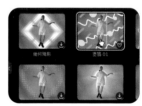

掌鏡微電影 多機剪輯與後製的技巧

想獨力完成一部微電影的拍攝夢想已經不再是一件困難的事！只要有好的劇情內容，在完成拍攝後，利用多機剪輯完成分鏡的畫面製作，再調整後製效果，你也可以是位厲害的導演！

個人數位履歷 結合簡報、字幕與影片去背

履歷是面試官對求職者的第一印象，透過本章了解如何規劃、製作一份可以在短時間內吸引人注意，並正確清楚的表達出求職資訊的影音履歷。

Chapter 12 影片匯出分享 視訊格式與上傳社群

準備和好友分享你的影片作品吧！威力導演編輯好的專案內容，可支援匯出成各種視訊檔案，善用豐富的媒體檔案類型，並利用電腦或手機上傳至社群平台。

附錄

本單元匯整了二大主題技巧，提供 PDF 電子檔，可參考 "本書學習資源" 於線上下載。

· **威力導演行動版**　　　· **YouTube 基本操作**

01

出色的 AI 數位影音創作

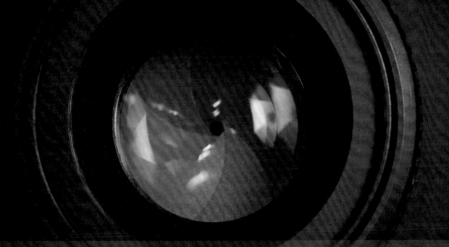

√ 影片剪輯流程與概念
√ 高效智能 AI 剪輯技術
√ 全方位影音編輯操作環境
√ 建立專屬的工作環境

√ 認識時間軸\腳本模式
√ 專案檔的建立、開啟與儲存
√ 貼心的線上說明與教學

1-1 影片剪輯流程與概念

影片剪輯將故事、情感和視覺元素巧妙結合，編輯影片前除了做好規劃和準備事項，了解剪輯相關觀念也是很重要的。

六大步驟告訴你如何製作影片

「六大步驟」為你提供一個清晰的指南，由構思到後製，一一解析成功製作影片的關鍵環節：

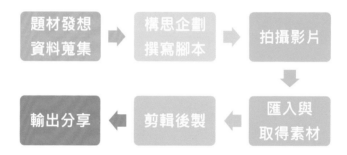

題材發想‧資料蒐集

蒐集題材不應該是在打算製作影片才開始，而是平常對某些議題、事件保持長期的關注，有較為深度的情感和興趣，才容易著手製作，不致於在一開始時毫無頭緒。

為了讓構思企劃更為詳盡，資料蒐集的工作也是不可獲缺，資料可分為三種類型：

- 第一類是 **文字資料**，例如：網路、平面媒體報導、書籍…等都是可用的來源，會依題材而有不同的選擇。

- 第二類是 **影像資料**，包括相片、檔案資料片、影片與圖像…等，而類似原始手稿的資料，除了可以作為文字參考素材外，有時也可以直接當做影像素材使用。

- 第三類是 **聲音資料**，影片是聲音與畫面的結合，聲音資料也是很重要的元素，如廣播錄音、原始錄音檔案、歌謠、創作樂曲…等。

構思企劃‧撰寫腳本

當資料蒐集完成後，可以依資料內容性質歸類，透過整理後的資料，構思影片製作方向與內容，此時若發現素材不足，則可再次蒐集資料補強以求完備。而腳本是拍攝時重要的參考，一份明確的製作構想或是大綱，即能作為剪輯後製的依據。

拍攝影片

事先瞭解拍攝情節,有利於主題的拍攝與後續剪輯,可避免有漏網鏡頭而遺憾,拍攝影片時應盡量減少畫面晃動,變焦鏡頭的運用要得宜,建議使用腳架或穩定器,可以讓畫面更穩定。

匯入與取得素材

完成上述步驟後,接著就是運用剪輯軟體進行後製,如:威力導演...等軟體,依照腳本內容,將辛苦蒐集而來的素材與拍攝好的影片,匯入剪輯軟體當中以利後續編輯。

剪輯後製

當腳本中所需的素材全部準備完成後,可以透過剪輯軟體加上字幕、旁白與背景音樂,並設計適合的轉場特效,完成一部有劇情、感動加值的影片作品!

匯出分享

辛苦剪輯好的影片,只有自己看到就太可惜了,透過剪輯軟體匯出成視訊檔、燒錄成 DVD 光碟或者上傳至 Facebook 與 YouTube,馬上就能將辛苦編輯的成果與親朋好友分享!

認識 "素材"、"腳本" 與 "專案"

威力導演是一套整合視訊剪輯與影片製作的軟體,進行影片剪輯前要先帶領大家來認識一些基本概念,讓剪輯工作更上手。

素材

影片作品是由各種類型的 "素材" 所組成的,包括影片、相片、音效、色彩、文字...等。

腳本

腳本也就是劇本的意思,以構思完成的故事情節,將各個素材依內容與性質安排於威力導演中的時間軸或腳本列,這樣一來作品就會依指定時間點播放。

專案

由素材與特效整合而成的影片作品於威力導演中稱為 "專案"。當於威力導演完成視訊影片剪輯且儲存為專案檔 (*.pds) 時,會將製作過程中加入的各類素材與特效完整保留,待下次再開啟此專案檔時,仍可繼續對加入的素材與特效編輯設定。

高效智能 AI 剪輯技術

1-2

威力導演 2024 版本新增許多 AI 智能技術與特效，選按就能套用，迅速創造吸睛效果，不費力地剪輯出獨具風格的影片作品。

AI 人物特效

利用 AI 技術快速套用吸睛的視覺效果，可以直接套用到影片中移動的人物，創造出在社群媒體流行的 **火焰、光圈、閃電、閃亮泡泡、星星光束、卡通...**等影片特效。

AI 天空置換

拍影片的時候難免天氣不完美，使用內建素材或匯入客製圖片，一秒轉換天空背景，從萬里晴空到滿天星斗，馬上呈現不同氛圍。

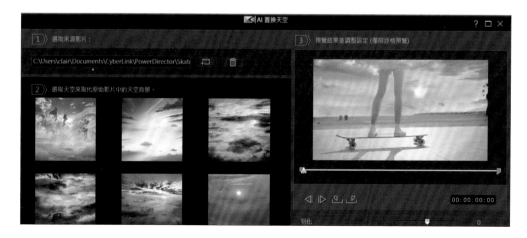

AI 物件偵測

AI 自動偵測影片中的人物、車輛和寵物等物件，並套用遮罩 (或 **反轉遮罩區域**)，讓影片中的重點物件能更加突顯。

AI 自動字幕 (語音轉文字)

自動依指定範圍或音軌語音產生字幕，可使用繁體中文、英文、日文三種語言，還可以選擇是否加入標點符號，讓上字幕更省時。

AI 線上免費圖片、音訊編輯工具

"訊連科技" AI 線上圖片、音訊編輯工具「MyEdit」免費使用、免安裝,中文介面方便操作。**圖片** 編輯工具滿足你合成與移除物件、幫照片去背、修復模糊照片…等照片編輯需求;也可直接輸入敘述文字生成圖片。(免費版本每日有組數限制,可參考官方說明)

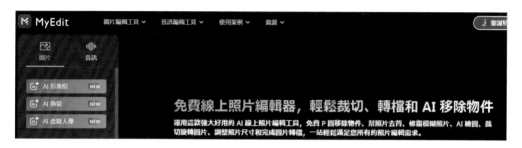

音訊 編輯工具滿足你所有的音樂編輯需求,快速完成音樂剪輯、去人聲、去雜音和風聲,或套用變聲器…等,也可以直接輸入敘述文字快速生成免費音效,直接客製出最適合的音效素材並免費下載。

更多好用的 AI 智慧工具

除了前面提到威力導演 2024 全新文字、圖片及特效 AI 功能以外,**AI 動態追蹤**:可以讓文字、圖形和特效能夠流暢地跟隨影片中移動的人物或物件,輕鬆凸顯亮點很簡單。

還有四個重要 AI 語音工具,分別是:**AI 音訊降噪**、**AI 語音增強**、**AI 移除風聲**、**AI 移除殘響**,可以依照需求、錄音環境或噪音類型選擇,刪除各種不同的噪音、環境音或增強錄音中的語音。在 **AI 語音轉文字** 前使用,語音更清淅,提高辨識的正確度。

全方位影音編輯操作環境

1-3

威力導演主要剪輯介面兼具實用與好操作的特性，讓你可以輕鬆快速製作出具專業水準的影片作品，在開始剪輯編修之前，先熟悉操作環境！

啟動面板

開啟威力導演 2024 後，首先會顯示啟動面板，可以快速開啟新專案或是最近編輯的專案，以及依指定功能開啟專案。

- 🔘 **顯示比例**：開啟新專案之前可以先依需求設定顯示比例，有 16:9、21:9、1:1、4:5、9:16、4:3 及 360 多種畫面比例供選擇。

- 🔘 **最近的專案**：最近編輯的六個專案，直接選擇縮圖即可開啟編輯。

- 🔘 **功能介紹影片、指定功能開新專案**：選按影片或圖示後，匯入媒體就可以依該功能開新專案並套用特效或編輯。

- 🔘 **關閉程式後顯示啟動面板**：在核選的狀態下，關閉威力導演編輯畫面後，會再次顯示此啟動面板，如果不需要此功能，取消核選即可。

編輯畫面

編輯畫面為製作影片的主要編輯區，在此可以切換腳本或時間軸檢視模式，並選擇合適的面板特效進行媒體素材的編輯工作。

面板　　選單列　　媒體庫 / 特效樣式區　　預覽視窗

功能按鈕　　時間軸 / 腳本區

選單列

包含提供 **檔案**、**編輯**、**工具**、**檢視**、**播放** 五大類別指令集，以及 **匯出**。常用的如 **開新專案**、**開啟專案**、**儲存專案**、**輸出專案資料**、**顯示比例**、**偏好設定**...等功能。

面板

分為七大類：包括  媒體、🔲 文字、🔲
轉場、🔲 特效、😊 疊加、🔲 字幕 和 🔲
範本，可透過這七類套用與設定特效、文
字、轉場、字幕...等。

媒體庫 / 特效樣式區

切換到每個面板會開啟其專屬的媒體庫或特效樣式區，是一個彙整區域，放置了影片
需要的素材與效果樣式，如：影片、相片、濾鏡、音訊、文字樣式、轉場效果...等。

導覽器　　　　　　匯入　　　錄製　搜尋欄　篩選媒體庫內容

加入新標籤　刪除標籤　　　　　　　媒體庫

- 🔵 **導覽器**：各類素材資料夾列表，依選擇的面板不同會有不同資料夾，下載的媒體可以在 **媒體** 面板 \ **我的媒體** \ **下載項目** 資料夾中取得。

- 🔵 🔲 **匯入**：可從本機匯入媒體檔案、資料夾，或是從 **訊連雲** 及 **DirectorZone** 下載。

- 🔵 🎤 **錄製**：錄製音訊。

- 🔵 **搜尋欄**：會根據輸入的關鍵字，在媒體庫中顯示相關內容。

- 🔵 🔽 **篩選**：於清單中選按檔案類型，媒體庫會只顯示該檔案類型的素材。

- 🔵 🔲 **加入新標籤**：在導覽器中加入新的標籤。

- 🔵 🔲 **刪除標籤**： 刪除選取的標籤。

預覽視窗

預覽視窗可觀看影片調整後的內容呈現，也可以控制播放的模式。

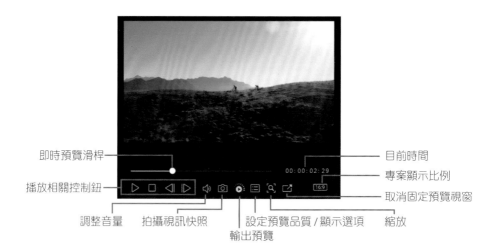

即時預覽滑桿
播放相關控制鈕
目前時間
專案顯示比例
取消固定預覽視窗
調整音量　拍攝視訊快照　設定預覽品質 / 顯示選項　縮放
輸出預覽

⚫ **即時預覽滑桿**：指定要預覽的時間點。

⚫ **播放相關控制鈕**：包含了 ▷ 播放、◻ 停止、◁ 上一個畫格、◁ 下一個畫格，主要控制素材或專案播放相關動作。

⚫ 📢 **調整音量**：可調整電腦喇叭的音量。

⚫ 📷 **拍攝視訊快照**：可將預覽視窗所看到的影片畫面，擷取儲存為靜態的相片檔。

⚫ ▶ **輸出預覽**：若預覽專案時無法順暢播放，按此鈕會僅輸出從目前播放點所在位置到專案結尾的影片預覽。

⚫ 📋 **設定預覽品質/顯示選項**：可調整預覽品質，以及開啟 **電視安全框**、**格線**、**2D/3D顯示**...等設定。

⚫ 🔍 **縮放**：可調整預覽畫面顯示比例。

⚫ 📤 **取消固定預覽視窗**：可放大預覽視窗。

⚫ **專案顯示比例**：變更專案的顯示比例，可於清單中按 **16:9**、**21:9**、**1:1**、**4:5**、**9:16**、**4:3** 或 **360** 調整。

⚫ **目前時間**：以 "時：分：秒：畫格" 的格式顯示，於數值上按一下可指定精確的時間碼，直接跳到專案的特定時間點。

功能按鈕、時間軸面板

專案中媒體素材依時間點佈置於時間軸，可新增多達 100 軌影音內容。

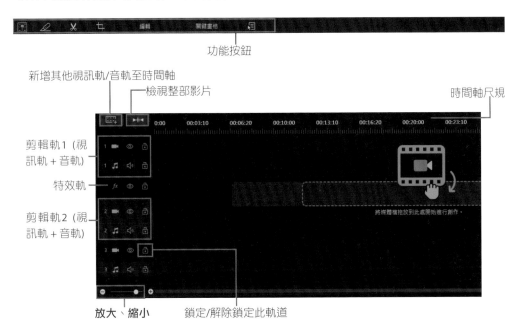

功能按鈕

新增其他視訊軌/音軌至時間軸

檢視整部影片

時間軸尺規

剪輯軌1 (視訊軌 + 音軌)

特效軌

剪輯軌2 (視訊軌 + 音軌)

放大、縮小　　鎖定/解除鎖定此軌道

- 功能按鈕：當選取相片或影片素材，會在時間軸上方顯示 **編輯**、**關鍵畫格**...等按鈕，可針對素材設定需求選按相關功能按鈕。

- 新增其他視訊軌 / 音軌至時間軸：最多可新增至 100 軌剪輯軌，包含 **視訊軌** 與 **音訊軌、特效軌**。

- 檢視整部影片：依照整個專案長度調整至目前可見的時間軸畫面內。

- **時間軸尺規**：以 "時：分：秒：畫格" 的格式顯示素材和專案長度 (影片長度大於 1 小時即會出現 "時" 格式)。

- **放大、縮小**：可放大或縮小時間軸間隔。

- **鎖定 / 解除鎖定此軌道**：插入素材時，可指定鎖定或解除鎖定軌道編輯。

匯出專案

影片剪輯完成，編輯畫面上方按 **匯出** 切換至 **匯出專案** 畫面，將影片匯出為指定格式。

匯出檔案選項、匯出格式、類型與品質設定　　　　　　匯出檔案預覽畫面

匯出檔案功能設定　　　　　　　設定匯出資料放置位置與檔案詳細資料

製作光碟

影片剪輯完成，編輯畫面上方按 **匯出** 切換至 **製作光碟** 畫面，可設計光碟選單再燒錄至光碟。

光碟內容、選單功能設定和以 2D 或 3D 格式　　　　　　光碟選單文字設定與預覽畫面

光碟選單內容，可增加音樂、開場影片與設定播放模式。　　預覽光碟選單　　燒錄光碟

1-4 | 建立專屬的工作環境

開啟新的專案檔時,一般使用預設的工作環境設定,在此將簡單
說明常用設定,讓你輕鬆掌握工作環境。

變更專案比例

於預覽視窗下方按 <kbd>16:9 ∨</kbd>,可調整目前專案
的顯示比例,要注意手邊素材與希望完成
的影片作品尺寸,建議在開始剪輯影片前
先檢查一下是否為正確的比例,以免完成
後才調整顯示比例會造成組成元素變形。

設定使用環境

於編輯畫面右上角按 ⚙ **設定使用者偏好設定**,在 **偏好設定** 對話方塊可以依個人使用習
慣調整,例如:複原次數上限、時間軸畫格率...等。

認識時間軸 \ 腳本模式

1-5

準備好製作影片的素材檔後,可以利用時間軸或腳本模式,快速將相關素材依劇情做合適的插入與排列,再進行修剪、套用特效...等處理,建構出專案編輯的第一步。

時間軸模式

在此模式中 **時間軸** 是安排媒體素材的地方,可完整顯示專案中各項元素及詳細資訊,專案中的素材可依類別擺放於 **視訊軌**、**音軌** 與 **特效軌**。

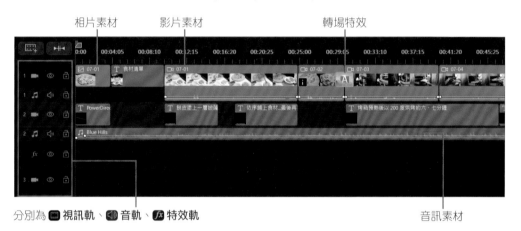

相片素材　　　影片素材　　　　　　　轉場特效

分別為 📹 視訊軌、🔊 音軌、🎬 特效軌　　　　　　　音訊素材

調整時間軸顯示比例

編輯影片時,適當的調整時間軸顯示比例,可以方便找尋所需素材。

將滑鼠指標移至時間軸尺規上,呈 狀,按滑鼠左鍵不放向左拖曳可縮減時間軸顯示比例,向右拖曳則可放大時間軸顯示比例。

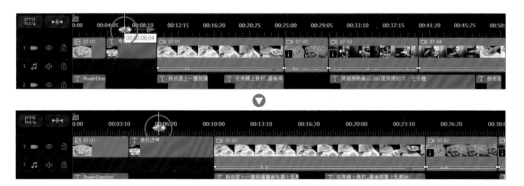

調整時間軸軌道高度

威力導演的時間軸軌道支援 100 軌，編輯時可以依需要開啟多軌來應用，但這樣會讓時間軸無法一次呈現所有軌道，而需拖曳右側捲軸來上下檢視。若希望一次看到更多軌道，可以調整軌道的高度，高度分成 **小型**、**中型** 與 **大型** 三種模式。

在時間軸左側任一軌道名稱上按一下滑鼠右鍵，按 **調整視訊軌高度** 或 **調整音訊軌高度**，即可以選擇要顯示的高度。(在此示範調整視訊軌高度)

| 小型 | 中型 | 大型 |

新增 / 移除軌道

如果要新增軌道，在時間軸軌道任一處按一下滑鼠右鍵，按 **新增軌道**，於 **剪輯軌管理員** 對話方塊，即可指定新增 **視訊軌**、**音訊軌** 或 **特效軌**。

若要刪除用不到的剪輯軌，在時間軸要刪除的軌道上按一下滑鼠右鍵，按 **移除所選軌道** 即可刪除。若是按 **移除空軌道**，則是一次將所有空白的軌道刪除。(預設的 **視訊軌 1**、**音軌1** 無法刪除)

腳本模式

按 **檢視 \ 腳本模式**，在此模式中相片、影片素材透過縮圖顯示於腳本列，就如同 "腳本" 的字面意義一般，簡單快速的檢視各媒體素材時間長度，並將素材依劇情做合理的插入與排列。

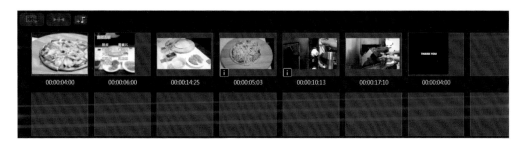

1-6　專案檔的建立、開啟與儲存

啟動威力導演進入編輯畫面後，可以依需求 **開新專案** 或是以 **開啟專案** 開啟舊檔，編輯過程中也別忘了 **儲存專案** 隨時保留編輯進度。

開新專案

按 **檔案\開新專案**，會關閉目前編輯的專案，並開啟一新的專案。

如果編輯模式中有尚在進行未被儲存的專案，則會提醒是否要先儲存。於提示儲存的對話方塊中，若按 **是** 會儲存並關閉該專案，若按 **否** 則不儲存目前專案資料直接關閉。(會顯示這樣的確認，是因為威力導演一次僅能開啟一個專案剪輯。)

開啟專案

按 **檔案\開啟專案** 可於指定路徑中，選擇該檔案再按 **開啟**，開啟舊有的專案檔。(若編輯程式中有尚在進行未被儲存的專案時，會提醒是否要先儲存再開啟指定專案。)

小提示

原本專案中的檔案不見了？

如果開啟專案檔 (*.pds) 時，出現檔案連結不到的問題，該怎麼辦？ 威力導演專案檔 (*.pds) 檔案中的素材檔，是以相對路徑連結的方式存在於來源資料夾。所以當開啟專案檔時若無法順利找到素材檔，就會出現此訊息對話方塊告知連結不到素材，這時可按 **瀏覽**，重新指定正確的連結路徑即可。

儲存專案

按 **檔案 \ 儲存專案** 可將目前進行中的工作儲存為威力導演的專案檔 (*.pds)，會將工作狀態與相關設定一併儲存，供日後繼續編修。

另存專案

按 **檔案 \ 另存專案** 可將進行中的專案儲存成另一個專案檔，只要於其對話方塊中重新指定儲存路徑與專案檔名稱即可。

小提示

儲存專案檔案快速鍵

使用影音剪輯程式相當耗費電腦資源，所以一定要隨時儲存檔案，避免電腦突然當機，這樣前面的辛苦剪輯全都白費，隨時按 Ctrl + S 鍵立即儲存專案內容。

輸出專案資料

威力導演專案檔 (*.pds) 只記錄了素材存放的路徑,並沒有將相關素材整合到專案檔中。如果希望將專案檔帶到其他電腦繼續剪輯,可以透過 **輸出專案資料** 功能,將此專案中相關的素材檔,全部儲存至指定的資料夾中,方便攜帶或搬移。

 開啟希望將專案與素材打包的專案檔,再按 **檔案\輸出專案資料**。

 出現 **選擇資料夾** 對話方塊,為輸出專案選擇儲存路徑和資料夾 (若無現成的資料夾可按 **新增資料夾**,立即建立一個專屬的資料夾),再按 **選擇資料夾**。

 完成輸出專案,可以自行利用檔案總管檢視剛剛所指定的資料夾,內含專案與專案所需的素材,只要將此資料夾複製攜帶,即可於不同電腦繼續編輯。

1-7

貼心的線上説明與教學

使用威力導演時是否常會在操作上遇到一些問題？為了讓學習的過程更加順利與方便，這一節將告訴你如何取得詳細的軟體說明與瀏覽官方線上教學影片。

線上說明

STEP 01 於威力導演畫面右上角按 **?** 説明＼威力導演説明。

STEP 02 會開啟 **訊連科技威力導演** 説明網頁視窗，在此可以透過 **關鍵字索引**、**搜尋...**等方式瀏覽並取得詳細的軟體簡介與功能説明。

線上教學影片

威力導演的教學影片檔均整理於官方網站中，只要確定電腦是在已連線狀態，就可以輕鬆學習最新線上教學片段。

 於瀏覽器網址列輸入：「https://tw.cyberlink.com/」開啟威力導演官網，於畫面上方按 **服務&教學**，清單中按 **教學中心**。

 稍捲動至該頁下方，於 **威力導演** 按 **所有教學影片**，選按想了解的標題，進入該頁面後可以看到教學文章或影片；也可在左側選擇篩選條件後按 **套用**，於右側清單按選按想了解的標題後可開始觀看。

延伸練習

一、選擇題

1. (　　) 以下哪一個不是製作影片的步驟？
   A. 題材發想　B. 想都不想直接拍　C. 取得素材

2. (　　) 文字資料的蒐集可來自哪一個來源？
   A. 網路、書籍　B. 報紙、雜誌　C. 以上皆是

3. (　　) 影像資料的蒐集不能來自哪一個來源？
   A. 他人未授權相片　B. 自拍影片　C. 自繪圖像

4. (　　) 拍攝影片前要先進行哪個步驟？
   A. 構思企劃　B. 題材發想　C. 以上皆是

5. (　　) 威力導演可以以什麼方式匯出分享？
   A. MP4 影片檔　B. 上傳至 YouTube　C. 以上皆是。

6. (　　) 威力導演所製作的影片可以直接上傳至哪一個網路平台？
   A. Flickr　B. YouTube　C. Instagram

7. (　　) 威力導演 2024 影片有哪些顯示比例？
   A. 16：9　B. 4：3　C. 以上皆是

8. (　　) 威力導演 2024 的啟動面板可以快速進入哪一種編輯畫面？
   A. AI 人物特效　B. 腳本模式　C. 幻燈片秀編輯器

9. (　　) 若想要在編輯時於視訊軌以大型縮圖顯示所有視訊片段與圖片，可以選擇
   哪一個編輯模式？
   A. 腳本模式　B. 時間軸模式　C. 幻燈片模式

10. (　　) 於 偏好設定 對話方塊中可以設定什麼？
    A. 復原次數上限　B. 時間軸畫格率　C. 以上皆是

11. (　　) 在編輯影片的時候可以透過何處觀看影片內容？
    A. 預覽視窗　B. 媒體庫　C. 特效樣式區

12. (　　) 如果想在媒體庫裡只顯示視訊素材，可用哪一個功能？

A. 篩選媒體庫內容　B. 搜尋　C. 檢視

13. (　　) 調整預覽視窗畫面的大小要按哪一個鈕？

A. 🔍 縮放　B. ▶ 輸出預覽　C. 📷 拍攝視訊快照

14. (　　) 時間軸可新增多少軌道 (包含視訊軌、音軌與特效軌)？

A. 50　B. 80　C. 100

15. (　　) 若想要一次刪除所有空白的軌道，可以於時間軸軌道任一處按一下滑鼠右鍵再選按什麼項目？

A. 移除軌道　B. 移除空軌道　C. 移除所有軌道

16. (　　) 威力導演一次可以開啟幾個專案進行剪輯？

A. 無限制　B. 二個　C. 一個

17. (　　) 儲存專案檔案可以利用哪個快速鍵？

A. Ctrl + J 鍵　B. Ctrl + S 鍵　C. Ctrl + D 鍵

18. (　　) 要將專案檔及所有素材都帶到其他台電腦編輯，可以選按哪個功能？

A. 檔案 \ 輸出專案資料　B. 檔案 \ 儲存專案　C. 檔案 \ 另存專案

19. (　　) 開啟專案檔案時，若原本專案中檔案連結不到出現提示畫面時，該按哪個鈕可以重新指定正確的連結路徑？

A. 略過　B. 全部略過　C. 瀏覽

20. (　　) 威力導演的線上教學影片都放在哪個網站中？

A. 官網 Facebook　B. CyberLink 官網　C. 官網 Vimeo

二、實作題

開啟威力導演 2024 後，首先會顯示啟動面板，請指定開啟一 **16:9** 新專案，再將開啟的新專案以當天日期為檔案名稱，存檔類型指定為：**威力導演的專案檔 (*.pds)**，儲存於桌面。

02

全方位取得素材

- √ 從 "網路攝影機" 擷取
- √ 從 "DVD 光碟" 擷取
- √ 錄製教學螢幕畫面
- √ 用線上 AI 工具生成素材
- √ 從 "DirectorZone" 取得範本
- √ 從 "DirectorZone" 下載音訊
- √ 可商用的免費字型

2-1 從 "網路攝影機" 擷取

影像視訊的接收設備中，常見的有電腦配備或自行購買的網路攝影機 (Webcam)，威力導演可藉由網路攝影機錄製更多影片素材，以豐富專案設計。

Webcam 具有錄像、傳播和靜態圖像捕捉...等功能，這項設備是透過鏡頭採集圖像後，再經感光元件電路及控制元件處理圖像，並轉換成電腦所能識別的數位信號，然後透過 USB 線路傳輸到電腦。目前筆記型電腦大多有內建此裝置，較新型的桌上型電腦也陸續跟進。

STEP 01 確認裝置已妥善連接，於選單列按 **檔案\擷取** 開啟畫面。

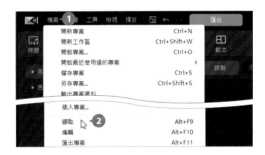

STEP 02 按 從網路攝影機擷取，於預覽畫面可以看到本機網路攝影機所接收到的影像，按 錄製 開始錄製。錄製過程 會呈閃爍狀態，若要停止擷取，只要再按一次 即可停止。

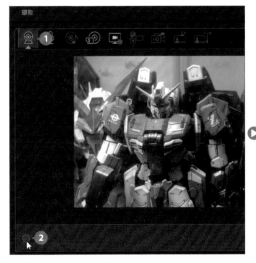
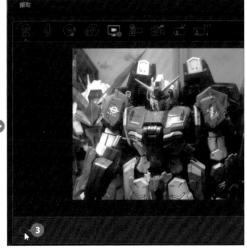

STEP 03 接著會開啟 **擷取的檔案名稱** 對話方塊，輸入檔案名稱，按 **確定**，在 **擷取的內容** 下方會顯示完成擷取的影片檔，再於擷取畫面按 ❌ 關閉。

STEP 04 返回編輯畫面切換至 📹 **媒體** 面板 \ **我的媒體**，會顯示剛才完成擷取的影片檔縮圖，且會自動插入 **視訊軌1**，接著就可以針對該影片剪輯與編輯。

小提示

設定其他擷取裝置

若要設定其他擷取裝置，可以於 **擷取** 畫面右下角按 **設定**，開啟 **PC 網路攝影機設定** 對話方塊，可設定 **擷取裝置**、**裝置解析度** 與 **音訊裝置**，完成後按 **確定**。

2-2 | 從 "DVD 光碟" 擷取

想要擷取 DVD 光碟的影片片段重新剪輯，只要將 DVD 光碟放入光碟機，透過威力導演 **從外部裝置或光碟機擷取** 功能，可以指定並擷取需要的影片片段。

STEP 01 先將 DVD 光碟放入光碟機，於選單列按 **檔案 \ 擷取** 開啟畫面，按 🔲 **從外部裝置或光碟機擷取**，擷取的檔案會放置在預設路徑中。為了避免擷取完成卻找不到檔案，可變更檔案存放的路徑，於 **擷取的內容** 下方按 **變更資料夾** 開啟對話方塊，指定要放置的資料夾，再按 **確定**。

STEP 02 於 **擷取功能設定** 下方核選要擷取的標題名稱 (或是按標題名稱展開章節，再核選要擷取的章節片段)，擷取前可按 ▶ **播放** 預覽影片片段，按 ⏺ **錄製** 開始擷取。

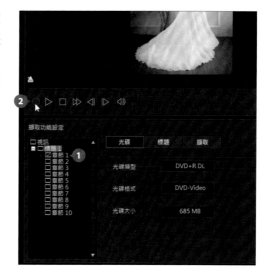

STEP 03　當影片擷取完畢，會開啟 **擷取的檔案名稱** 對話方塊，輸入檔案名稱，按 **確定**，在 **擷取的內容** 下方會顯示完成擷取的影片檔，再於擷取畫面按 ⊠ 關閉。

STEP 04　返回編輯畫面切換至 🖽 **媒體** 面板 \ **我的媒體**，會顯示剛才完成擷取的影片檔縮圖，且會自動插入 **視訊軌1**，接著就可以針對該影片剪輯與編輯。

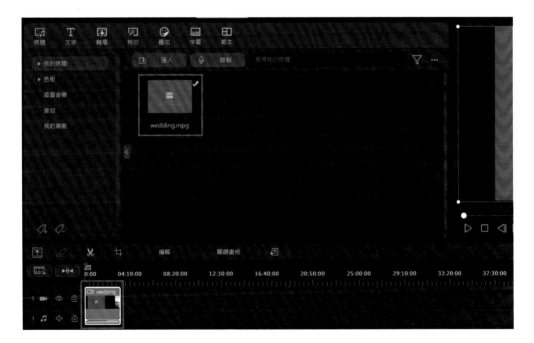

錄製教學螢幕畫面

2-3

可擷取網頁、軟體或螢幕上任何畫面,常用於錄製操作過程、遊戲、教學...等,作為影片製作素材,豐富內容與設計。

STEP 01 於選單列按 **工具 \ Screen Recorder** 開啟錄製畫面控制面板 (此時預設螢幕四周會出現黃色虛線),設定欲錄製的 **影片解析度**、**影片畫格率** 以及是否需要滑鼠點按,再按要錄製方式 (這裡按 **鎖定 App**)。

STEP 02 可以看到滑鼠指標呈 狀,將滑鼠指標移至欲鎖定的視窗上按一下滑鼠左鍵 (該視窗會出現黃色虛線),這樣即完成鎖定。(若鎖定錯誤,可再次按 **鎖定 APP**,重新指定要鎖定的視窗。)

STEP 03 於錄製畫面控制面板按 ,倒數三秒後即可開始錄製畫面,錄製過程中可以按 F9 鍵停止/開始,按 F10 鍵暫停/繼續,或按 F12 鍵拍攝螢幕快照。

STEP 04 完成錄製後，按 ⬛ (或 F9 鍵) 停止錄影，此時會自動開啟檔案總管視窗，並切換至擷取素材存放的路徑。

若擷取的素材欲使用威力導演編輯，可於錄製畫面控制面板按 🖥 開啟媒體庫，於任一檔案縮圖上按一下滑鼠右鍵，按 **編輯**，即可匯入威力導演 🎬 媒體面板 \ **我的媒體**，並顯示該素材檔縮圖。

小 提 示

螢幕擷取基礎設定

螢幕錄製前，於錄製畫面控制面板按 ⚙ 開啟 **偏好設定** 對話方塊，可以設定要匯出的資料夾路徑、視訊、音訊與快速鍵控制...等項目。

小 提 示

關於 Screen Recorder 螢幕擷取軟體

Screen Recorder 螢幕擷取軟體，分別有五種錄影模式：

🖳 **全螢幕**：會以全螢幕 (含工作列) 方式來錄製畫面。

🎮 **遊戲**：於 **應用程式** 清單中選取要錄製的應用程式，即會鎖定該應用程式的錄製畫面。

🖳 **鎖定 App**：使用滑鼠指標移至欲鎖定的視窗上按一下滑鼠左鍵，即會鎖定該視窗畫面，鎖定的範圍或位置會依視窗的縮放或是移動而跟著變化。

🖳 **自訂**：會使用滑鼠指標拖曳畫面中要錄製的範圍，即會以該範圍錄製螢幕畫面，也可於黃色虛線下方顯示的解析度直接輸入要錄製的大小。

🖳 **裝置**：於 **輸入裝置** 清單中選取視訊來源 (如網路攝影機、影像擷取盒...等外接硬體設備。)，就會以該視訊來源錄製畫面。

如有需要，可以選擇在錄影中加入網路攝影機的視訊畫面、麥克風音訊及視訊覆疊內容：

🎥 **網路攝影機**：可啟用並在你的錄影中加入網路攝影機的視訊畫面。(第一次啟用時會要求在 **偏好設定\網路攝影機** 設定網路攝影機)

🎤 **麥克風**：可啟用並在你的錄影中加入麥克風音訊。(第一次啟用時會要求在**偏好設定\音訊\硬體設備** 設定麥克風)

📽 **視訊覆疊**：可在錄製的視訊中加入視訊覆疊內容，如圖片、標誌；若按一旁 ➕ 則可新增子母畫面圖片，並設定圖片與網路攝影機視窗的不透明度。

用線上 AI 工具生成素材

2-4

如果手邊沒有合適素材，或是尋找過程麻煩又費時，可以透過這款 **MyEdit** 免費線上圖片、聲音編輯工具，利用 AI 自行生成想要的圖片或音訊，或是將語音轉文字...等。

認識與登入 MyEdit

MyEdit 是 "訊連科技" 推出的一套免費線上圖片、音訊編輯工具，除了包含一些常用功能，如：圖片編輯、轉檔、音檔修復與音樂剪輯...等，還提供許多強大且易於操作的 AI 工具，如：畫質修復、AI 繪圖生成器、圖片去背，AI 音效生成器、去人聲...等，讓圖片與音訊的編修，不受限時間或地點，簡單又快速。

 開啟瀏覽器，於網址列輸入「https://myedit.online/」，進入 **MyEdit** 網站，左側為 **圖片**、**音訊** 工具選單，右側為編輯區。

STEP 02 於工具選單按 **圖片** 或 **音訊** 標籤中任一工具時，右側除了一開始的介紹文字，每項工具還提供範本，讓你可以先試試套用後的感覺，再上傳自己的檔案，正式操作 (需登入帳號方可使用)。

往下捲動，則是可以看到使用此工具的理由與步驟教學。

STEP 03 不論使用範本或上傳自己的檔案，需要先於畫面右上角按 **登入**，輸入 "訊連科技" 帳戶的電子郵件與密碼才可執行後續操作；若無帳號則可按 **建立帳號** 進行註冊，或使用 Google、Facebook 或 Apple 帳號快速登入註冊。(在此以 Chrome 瀏覽器示範)

熟悉 **MyEdit** 介面與登入帳號後，接下來便針對一個 **圖片** 工具：**AI 繪圖生成器** 與二個 **音訊** 工具：**AI 音效生成器、語音轉文字**，介紹相關操作。

圖片 - AI 繪圖生成器

AI 繪圖生成器，搭載強大的 AI 繪圖技術，只要簡單輸入敘述文字，並選擇喜歡的風格，即可快速透過 AI 產生圖片。

STEP 01 於工具選單按 **圖片 \ AI 繪圖生成器 \ 立即免費生成圖片**，接著輸入描述文字，並選擇喜歡的藝術風格，按 **生成圖片**，即可產生符合描述的四張 AI 圖片。

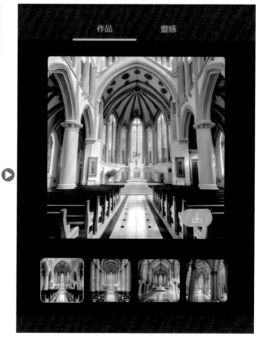

STEP 02 若不喜歡產生的這組 AI 圖片，可再按 **生成更多作品**，產生下一組 AI 圖片；如果欲下載運用時，可按 🔽 或 ⚫ \ **全部下載**，儲存單張或全部圖片 (檔案下載類型為 JPEG，尺寸為1024*1024)。

小 提 示

生成圖片、風格限制與 MyEdit 訂閱

AI 繪圖生成器 工具免費版本每日有組數限制 (可參考官方說明)，如果想要盡情產生圖片，需按 **解除限制**，付費訂閱合適方案。

除了產生圖片次數受到限制，套用風格右上角若顯示 👑，代表也需付費訂閱，方可享有更多風格的使用權利。

音訊 - AI 音效生成器

有了 **AI 音效生成器**，只要輸入敘述文字，能快速生成免費音效，省下尋找的時間，直接客製化出最合適的音效素材，免費下載。

STEP 01 於工具選單按 **音訊 \ AI 音效生成器 \ 立即免費生成音效**，接著輸入描述文字，按 **產生音效**，即可產生符合的三首 AI 音效。

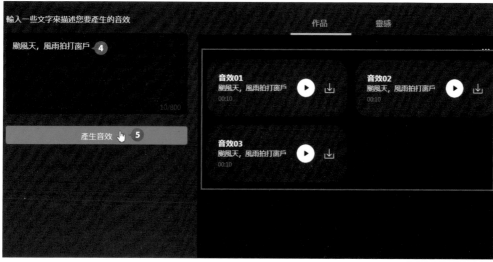

STEP 02 產生的 AI 音效可按 ▶ 聆聽內容，若不喜歡這組音效，可再按 **生成更多作品**，產生下一組 AI 音效；如果欲下載運用時，可按 🔽 或 ••• \ **全部下載**，儲存該音效或全部音效 (檔案下載類型為 MP3)。

小提示

生成音效與 MyEdit 訂閱

AI 音效生成器 工具免費版本每日有組數限制 (可參考官方說明)，如果想要盡情產生音效，需按 **立即升級**，付費訂閱合適方案。

音訊 - 語音轉文字

語音轉文字 工具，支援中、英、日...等九國的語音或錄音檔，匯出成純文字檔 (.txt) 或字幕檔 (.srt) 格式，非常適合用來製作筆記、會議紀錄或 YouTube 字幕。

STEP 01 於工具選單按 **音訊 \ 語音轉文字 \ 選擇檔案**，上傳欲轉文字的錄音檔 (首次使用需同意進行資料處理的功能與服務)，然後設定 **音訊原聲語言**，並核選轉譯出來的文字是否 **包含標點符號**，按 **開始**。

STEP 02 完成後於音訊檔下方可以看到轉譯出來的文字，欲確認文字內容，可按 ▶，邊聽邊檢視，錯誤的文字可直接在該段文字上按一下進行編修。

 STEP 03 按畫面右上角 **下載** 右側 ▾ 清單鈕，清單中可選擇 **不含時間碼的文字碼(.txt)** 或 **含有時間碼的文字檔 (.srt)**，最後按 **下載** 即可匯出文字檔。

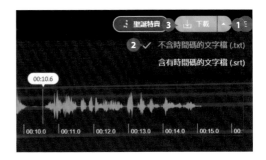

2-5 從 "DirectorZone" 取得範本

DirectorZone 是 "訊連科技" 提供的線上資源平台，讓你可以免費下載威力導演相關的子母畫面物件、炫粒、文字範本、DVD 選單、轉場特效與音效片段...等素材。

於威力導演的 **T** **文字**、**轉場** 與 **疊加** 面板，按 **我的內容 \ 下載項目** 會看到 **免費範本** 縮圖。另外於選單列按 **匯出**，在 **製作光碟** 切換至 **選單功能設定** 標籤，也會看到 **下載範本** 縮圖。

在此以下載 **T** **文字** 範本為例：

 於 **T** **文字** 面板按 **我的內容 \ 下載項目 \ 免費範本** 縮圖。

 開啟 DirectorZone 網頁後，在 **文字範本** 項目，可看到多種範本可以下載。(需於網頁右上角按 **登入** 輸入 "訊連科技" 帳戶的電子郵件與密碼才可執行後續操作；若無帳號可按 **加入會員** 帳號，或使用 Facebook 帳號登入註冊；在此以 Chrome 瀏覽器示範。)

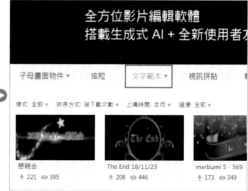

STEP 03 按範本縮圖可進入查看相關資訊及預覽文字特效;若在範本預覽區下方按  可下載範本,完成後於對話方塊按 ✕ 關閉。

小提示

搜尋範本的方法

按網頁畫面右上角 🔍,輸入關鍵字並按 **搜尋**,可快速篩選出相關範本;如果想縮小搜尋範圍,可以於左側搜尋範圍按範本類型,右側就只會顯示該類型篩選後的結果。

STEP 04 於網頁上方按 ⤓ 開啟下載的檔案清單，在剛剛下載的檔案右側按 ☑ **開啟**，安裝成功後，於出現的對話方塊按 **確定**。

STEP 05 回到威力導演，於 🅣 **文字** 面板按 **我的內容 \ 下載項目**，可以看到已下載並完成安裝的文字範本。

小提示

下載範本要注意顯示比例

於威力導演先確認目前專案的顯示比例：

在 DirectorZone 網頁下載範本時，將滑鼠指標移到範本縮圖上，右上角即會顯示該範本的畫面比例 (例如：**4:3**、**16:9**)，下載前需注意範本顯示比例是否與專案相同；或者也可以直接按 **過濾：全部**，清單中再按需要的顯示比例，快速挑選合適範本。

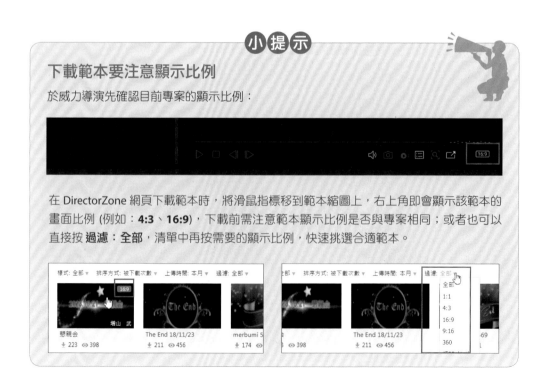

從 "DirectorZone" 下載音訊

2-6

DirectorZone 提供很多合法授權的音訊,從 DirectorZone 挑選合適的音訊下載,後續可直接在威力導演使用。

 於威力導演按 🎬 **媒體** 面板 \ **我的媒體** \ **匯入** \ **從 DirectorZone 下載音效片段。**

 開啟 **DirectorZone** 音效網頁,先按想要聆聽的音效類型,於每首音效可按 ▶ 試聽內容,試聽完覺得不錯可按 **下載。** (需於網頁右上角按 **登入** 輸入 "訊連科技" 帳戶的電子郵件與密碼才可執行後續操作;若無帳號可按 **加入會員** 帳號,或使用 Facebook 帳號登入註冊;在此以 Chrome 瀏覽器示範。)

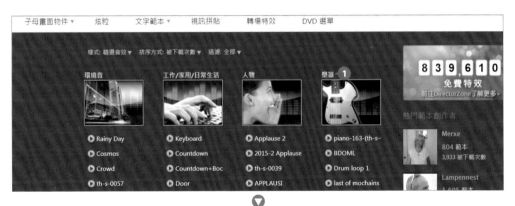

利用條件篩選音效

在 DirectorZone 音效網頁中,可以透過 **樣式**、**排序方式** 和 **過濾** 篩選符合條件的音效,按 ▶ 可試聽該音效內容,試聽完畢覺得不錯可按 **下載**。

看到音效的更多資訊

若要查看音效的詳細資訊,只要按歌曲名稱,即可進入該音效的詳細資訊畫面,除了提供相關資訊外,也可以透過這個畫面下載。

STEP 03 下載完畢後，於網頁上方按 ⬇ 開啟下載的檔案清單，在剛剛下載的檔案右側按 ⬀ **開啟**，安裝成功後，於出現的對話方塊按 **確定**。

STEP 04 回到威力導演，於 🎬 **媒體** 面板按 **我的媒體 \ 下載項目**，可以看已下載的音訊片段。

小 提 示

免費音效素材下載網站

威力導演可以直接從 DirectorZone 搜尋音效與下載，如果想要從網路上獲得其他合法授權的免費音訊或音效聲，以下提供數個免費下載背景音訊的網站 (各網站授權條款及細則不盡相同，相關使用方式以官方說明為主，使用時需先主動了解。)：

- **YouTube 音效庫** (https://youtube.com/audiolibrary)
- **freesound** (https://www.freesound.org/browse/tags/?f=tag:"music")：全球性音訊分享平台，包含免費的環境音效檔，可免費應用在商業用途，但要註明作者來源！
- **MUSOPEN** (https://musopen.org/)：包含古典音樂、樂器聲音素材，音樂可以按照作曲者、表演者、樂器、時期、樂曲形式來搜尋。
- **PacDV** (https://www.pacdv.com/sounds/index.html)：包含環境音效、人聲、機械音效、交通工具...等音效，使用限制是必須註記來源並連回網站，並且不可再將音樂另外建檔提供他人下載。

可商用的免費字型

2-7

不是 OpenType 或購買的字體就一定可以商用！關於字型問題，讓許多 YouTuber 與設計師在製作影片時，對字型的運用更加小心謹慎。

國發會提供的中文 "全字庫" 不限目的、時間及地域，免授權金使用，但需標明使用全字庫字型 (授權說明：https://www.cns11643.gov.tw/pageView.jsp?ID=59&SN=&lang=tw)，可以於政府開放資料平台「https://data.gov.tw/dataset/5961」下載。

> 🏠 / 資料集 / CNS11643中文標準交換碼全字庫(簡稱全字庫)
>
> ## CNS11643中文標準交換碼全字庫(簡稱全字庫)
>
> 縮檔，內容包含全字庫字型、屬性資料及中文碼對照表三部分，其中全字庫字型提供明體、正宋體及正楷體3種；屬性資料則涵蓋注音、倉頡、
> BIG5、Unicode、電信碼、地政自造碼、財稅內碼、稅務碼及工商自造字等7種中文內碼對照
>
> 評分此資料集：

"思源黑體"、"思源宋體" 是 Adobe 與 Google 開發的開放原始碼字型，供個人與商業上使用，可分別於「https://fonts.google.com/noto/specimen/Noto+Sans+TC」、「https://source.typekit.com/source-han-serif/tw/」下載。

另外，"翰字鑄造 JT Foundry" 推出免費字型 "台北黑體"，適用個人及商業用途，不論做海報、平面設計都非常適合，另外像是做為影片字幕，不但好看且不缺字，更不用擔心版權問題，於「https://s.yam.com/KueuZ」可依循指示下載。

(以上介紹的可商用字型其授權條款及細則不盡相同，相關授權方式以官方說明為主，使用時需先主動了解。)

延 伸 練 習

一、選擇題

1. （　）要透過網路攝影機取得所需素材、音效可以透過編輯畫面選單列的哪個功能進入 **擷取** 畫面？

     A. 檔案＼擷取　　B. 編輯＼擷取　　C. 工具＼擷取　　D. 匯出＼擷取

2. （　）如果想藉由網路攝影機錄製影片素材，可以於 **擷取** 畫面按哪個功能？

     A. 🖼　　B. 🎤　　C. 🎧　　D. 🎬

3. （　）如果想藉由網路攝影機錄製影片素材，可以於編輯畫面按哪個功能？

     A. 檔案＼**Screen Recorder**　　B. 編輯＼**Screen Recorder**

     C. 工具＼**Screen Recorder**　　D. 匯出＼**Screen Recorder**

4. （　）於錄製畫面控制面板可按哪個功能，設定匯出資料夾路徑、視訊、音訊與快速鍵控制...等項目？

     A. 🖵　　B. ⚙　　C. 🖥　　D. ◉

5. （　）使用 **Screen Recorder** 功能錄製過程中，哪個功能鍵不符合操作說明？

     A. F9 鍵：**停止/開始**　　B. F10 鍵：**暫停/繼續**　　C. F11 鍵：**拍攝螢幕快照**

     D. F8 鍵：**麥克風開啟/關閉**

6. （　）使用 **Screen Recorder** 功能錄製畫面時，可以選擇的錄製畫面方式為何？

     A. 全螢幕　　B. 鎖定 **APP**　　C. 自訂　　D. 以上皆是

7. （　）於 🎞 轉場 面板＼**我的內容** 按哪個標籤，可以找到 ◉ **免費範本**，開啟 DirectorZone 網頁下載轉場範本？

     A. 我的最愛　　B. 下載項目　　C. 自訂　　D. 純文字

8. （　）下載的 DirectorZone 文字範本，會出現在 🅃 文字 面板＼**我的內容** 的哪個標籤？

     A. 自訂　　B. 我的最愛　　C. 下載項目　　D. 純文字

9. （　）MyEdit 網頁除了可以利用 "訊連科技" 帳號登入，哪個帳號無支援快速登入？

     A. Google　　B. Facebook　　C. Adobe　　D. Apple

10. （　）利用 MyEdit 網頁的 **語音轉文字** 工具轉譯的音訊，不支援哪種格式下載？

     A. txt　　B. srt　　C. docx　　D. 以上皆是

二、實作題

1. 錄製螢幕畫面：錄製從 DirectorZone 下載並安裝一個 16:9 的炫粒範本的過程。

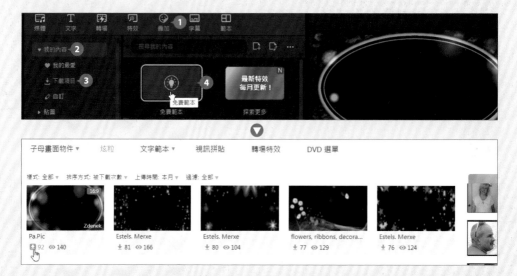

2. 利用 **MyEdit** 的 **AI 繪圖生成器** 工具，輸入描述文字與選擇喜歡風格，產生四張咖啡主題的 AI 圖片。

03

漫遊世界 MV

三分鐘設計動態影片

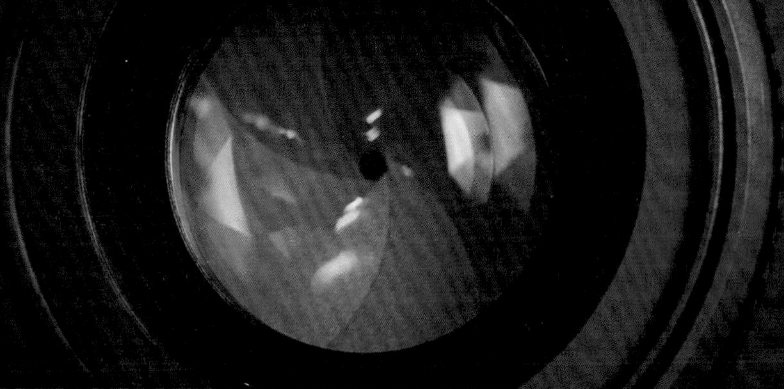

√ 幻燈片秀編輯器   √ 輸出成可分享的影片視訊

√ 影片構思   √ 儲存作品

幻燈片秀編輯器

3-1

幻燈片秀編輯器 可以立即將相片轉換成含轉場特效、主題樣式、背景音樂的動態幻燈片秀。

●●●● 作品搶先看

設計重點：

將準備好的相片素材直接套用幻燈片樣式，再加上自訂的音樂檔案，還能依影片內容修改背景音樂。

參考完成檔：

<本書範例 \ ch3 \ 完成檔 \ Produce03-01.wmv>

●●●● 製作流程

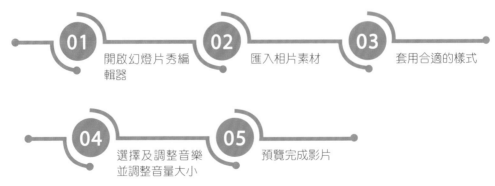

01 開啟幻燈片秀編輯器

02 匯入相片素材

03 套用合適的樣式

04 選擇及調整音樂並調整音量大小

05 預覽完成影片

幻燈片秀編輯器 可以讓你快速將相片製作成含轉場特效與背景音樂的影片，與 **Magic Movie** 精靈 不同的是可以剪輯並調整音樂素材播放的時間，也有完全不同的樣式。

STEP 01 開啟威力導演後，此範例在啟動畫面設定 **顯示比例**：16:9，按 **新增專案**，進入編輯畫面，再按 **工具\幻燈片秀編輯器** 開啟視窗。

STEP 02 於 **幻燈片秀編輯器** 視窗按 匯入圖片\匯入圖片檔案。開啟對話方塊，於原始檔資料夾選取 <03-01 \ 03-01.JPG>，再按 Ctrl + A 鍵全選資料夾內的十張相片素材，按 **開啟** 匯入相片素材。

STEP 03 素材都匯入後按 **下一步**，切換至 **樣式與音樂** 步驟，在清單中按合適的樣式 (此作品選擇 **攝影機** 樣式)。

STEP 04 接著加入背景音樂，按 選取背景音樂，再按 選取背景音樂。於範例原始檔資料夾選取 <03-01 \ Sound.WAV>，按 **開啟** 匯入音樂素材。

STEP 05 利用內建的設定裁剪背景音樂。於對話方塊中拖曳 符號往右移動，裁剪此段音樂開頭處約 5 秒的空白，再拖曳 符號往左移動，裁剪此段音樂結尾處約 3 秒的空白，裁剪完成後可按 聽聽看，沒問題的話按 **確定**。

幻燈片秀影片的時間長度可以選擇以圖片或音樂為主。按 **幻燈片秀功能設定**，於對話方塊中 **時間長度** 項目核選 **圖片配合音樂**，這樣就會以音樂的長度為主調整影片時間長度，設定完成按 **確定**，接著按 **下一步**。

 於 **預覽** 步驟中可以看到依前面設定產生的影片，按 ▶ **播放** 預覽影片。

STEP 08 預覽後若想調內容設定,按 **自訂** ,於畫面中先選按想變更的影格,按 可以改變對焦區域 (可變更的項目會隨著套用的樣式而不同)。按 ▶ **播放** 可以預覽修改的設定,完成後按 **確定**。

STEP 09 接著按 **下一步**,切換至 **輸出檔案** 步驟。(如果還有想要修改的部分可以按 **上一步**,回到前面的設定畫面調整。)

小提示

為什麼預覽時畫面會延遲?

有時圖片檔案過大或是過多,尤其在電腦效能較低時,都會造成預覽畫面稍稍的延遲,正常情況下,輸出成影片後就不會出現畫面延遲的狀況。

最後一個步驟可以選擇 **匯出影片**、**製作光碟** 或 **進階編輯**，這三個按鈕的效果與動作不盡相同，可依下說明選按合適的方式將 **幻燈片秀編輯器** 產生的動態相片簿作品輸出：

匯出影片：切換至 **匯出專案** 畫面，將剛剛完成的作品輸出為指定格式的影片檔案。(可參考 P3-18)

製作光碟：切換至 **製作光碟** 畫面，將剛剛完成的作品燒錄至光碟，並可搭配專業外觀的光碟選單。

進階編輯：切換至編輯畫面，可以對剛完成的作品進行更進階的編修剪輯工作或儲存。(可參考 P3-20 與後續章節)

小提示

進入編輯畫面後，如何再回到幻燈片秀編輯器？

按 **進階編輯** 進入威力導演編輯畫面後，若想重新套用別款樣式或變更其他 **幻燈片秀** 的設定時，可以在選取時間軸上的該素材後，按時間軸上方的 **幻燈片秀**，這樣就會再次進入 **幻燈片秀編輯器** 編輯視窗。

Magic Movie 精靈

3-2

如果不熟悉影片剪輯程序，可以使用 **Magic Movie** 精靈，套用設計好的樣式，快速完成影片製作。

●●●● 作品搶先看

設計重點：

將準備好的相片、影片素材直接套用多種樣式，再加上自訂或預設的音樂檔案，快速完成動態影片。

參考完成檔：

<本書範例\ch03\完成檔\Produce03-02.wmv>

●●●● 製作流程

01 開啟 Magic Movie 精靈

02 匯入相片、影片素材

03 套用合適的樣式

04 選擇及調整音樂

05 加上開始及結束文字

06 預覽完成影片

Magic Movie 精靈 可以將準備好的相片、影片素材直接套用影片樣式,再加上預設的音樂,只需要幾個步驟就能輕鬆完成超有質感的影片作品。

 開啟威力導演後,此範例在啟動畫面設定 **顯示比例**:**16:9**,按 **新增專案** 進入編輯畫面。

 按 匯入媒體 \ 匯入媒體檔案 開啟對話方塊,於範例原始檔資料夾選取 <03-02 \ 03-01.jpg>,再按 Ctrl + A 鍵全選資料夾內的十一個相片、影片素材,按 **開啟** 將素材匯入。

 按 **工具** \ **Magic Movie 精靈**,開啟對話方塊。

於 **Magic Movie 精靈** 視窗按 **媒體庫**，再按 **下一步**，切換至 **樣式** 步驟。

 除了選按內建的樣式套用，還能透過 DirectorZone 網站下載更多樣式。在此按 **免費下載**，會開啟 DirectorZone 網站，找到合適的樣式物件，再進行下載即可。(此作品下載了 Notebook，下載說明可以參考 P2-7)

按一下預覽畫面的 ▶ 可以預覽樣式動態效果，接著按 **下載**，待下載好後開啟樣式完成安裝。(在此以 Chrome 瀏覽器示範)

回到威力導演 **Magic Movie 精靈**，在清單中即可看到剛剛下載的 **筆記本** 樣式，選按此樣式後再按 **設定**。

想套用自己的音樂，可按 🎵 **新增配樂** 加入指定音樂檔，如果沒有指定套用的音樂，會套用該樣式預設的音樂。另外，可以調整 **在配樂和視訊的音訊之間進行音效混音** 滑桿，向右拖曳會以視訊的音為主，背景音樂較會小聲，向左拖曳則相反，核選 **設定輸出時間長度**，調整完成後按 **確定**，再按 **下一步**。

(希望影片配合匯入的音樂時間長度，可核選 **將時間長度配合背景音樂的長度**。)

 於 **預覽** 步驟中可以看到依前面設定產生的影片，在此可以編修影片的 **起始文字** 及 **結束文字**，最後按 ▶ **播放** 預覽完成的影片，最後再按 **下一步**。(如果還有想要修改的部分可以按 **上一步**，回到前面的設定畫面調整。)

於 **輸出檔案** 步驟，同樣有 **匯出影片**、**製作光碟**、**進階編輯** 三個選項，由於在此選用的樣式，載入的影片素材需要另外設定才能動態播放，因此按 **進階編輯**，於出現的視窗按一下 **確定**，即可繼續編輯、輸出影片、存檔...等動作。

回到威力導演編輯畫面後。於時間軸按影片素材，再按 **創意主題設計師**，接著按 **是**。

進入 **創意主題設計師** 視窗，可看到套用的樣式主題已自動載入至主題卡區，先在主題卡區按由左數來第二個主題卡，再於主題卡內容區按影片素材右上角的 🔳，讓此影片素材在整部影片播放時也可展開同步播放。

依相同的方式，可於其他頁主題卡找尋是否有使用影片素材，並設定是否要展開同步播放。

 完成此作品的製作，最後別忘了按主題卡區第一頁主題卡，再按 ▶ **預覽整部影片** 預覽辛苦製作的效果是不是如預期或是需要修正，最後按 **確定** 回到威力導演主要編輯畫面，繼續進階編輯、輸出影片、存檔...等動作，這樣就完成以 **Magic Movie 精靈** 加上 **創意主題設計師** 快速剪輯影片的設計。

創意主題設計師介面說明

當想要變更調整更多創意主題設計師內的主題卡內容，可以先了解畫面內容設定：

主題卡內容區　　**新增更多主題卡**　　　　　主題卡區　　　背景音樂調整　**最大化**，可將視窗放大。

媒體庫　　　　　　　　　預覽控制項　　　　　　　　　預覽視窗

- 主題卡區：目前已插入的主題卡。
- 主題卡內容區：目前選取的主題卡所包含的片段 (內容素材)，影片素材可再進行 **靜音**、**裁剪** 及 **擴大**...等設定。
- **新增更多主題卡**：可以加入不同主題卡豐富影片。
- **背景音樂**：可以選擇 **預設(第一頁)**、**匯入**、**不使用音樂** 或 **偏好設定** 可裁切、調整音樂大小聲。
- **媒體庫**：可以於媒體庫中一次選取多個素材，自動填入主題卡。
- 預覽視窗、預覽控制項：可預覽修改的主題卡內容。
- **背景**：可變更、新增、移除主題卡的背景，但依照主題卡不同而有不同的設定。

小 提 示

主題卡的移除與調整播放順序

· 當想要更動主題卡播放的順序,只要在主題卡區選按要移動的主題卡,按滑鼠左鍵不放拖曳至想要擺放的位置即可。

· 若是想要將主題卡移除,只要在主題卡區要移除的主題卡上按一下滑鼠右鍵,按 **移除選取的範本** 即可。

· 若是相片或影片素材加入主題卡內容區,套用後發現不太適合想要移除,只要在要移除的素材 (片段) 上按一下滑鼠右鍵,按 **移除選取的片段** 即可。

片段縮圖上的小圖示都代表了不同的功能

將滑鼠指標移至主題卡內容區的各個片段縮圖上方，部分的設計還能有更多功能，並以小圖示代表：

- 圖示：按一下可設定影片是否為靜音。
- 圖示：按一下可修剪影片。
- 圖示：按一下可變更相片素材的顯示時間長度，可自行輸入秒數。
- 圖示：表示此片段建議放的是相片素材，但卻放了影片素材，所以會以圖片呈現，按一下 圖示，可變更快照顯示的圖片。
- 圖示：按一下可讓此素材在顯示時放大，套用縮放或對焦視訊。
- 若是片段縮圖上沒有任何小圖示，表示此片段只能單純顯示素材或套用特效樣式，無法進行其他功能的操作。

輸出成可分享的影片視訊

3-3

完成的作品如果只能在威力導演中開啟播放,而不能與親朋好友分享就太可惜了。

較常見的可分享影片格式有 WMV、MPEG、MP4...等,在此示範輸出為 WMV 格式影片檔案 (其他格式影片檔案的相關操作大同小異,詳細說明可參考本書第十二章。

 01 於威力導演編輯畫面,按 **匯出**。

 02 於 **標準 2D** 標籤,按 **Windows Media**、設定檔類型:**Windows Media Video 9 1280x720/30p (6 Mbps)**。

 03 接著在右側 **匯出至:** 按 ███,選擇欲存放的檔案路徑與檔案名稱,按 **存檔**,再按 **開始** 開始轉檔。

核選 **輸出檔案時啟用預覽**,可以在輸出過程中於預覽視窗看到輸出的影片畫面。

STEP 04 畫面左上角會顯示進度，進度到 100% 即完成輸出。(於左上角按 ← 可回到編輯畫面)

進度列下方的 **暫停** 與 **取消輸出**，可在輸出過程 選擇先停止輸出或取消輸出，等準備好隨時可 以繼續。

STEP 05 待完成輸出的動作後，可於剛才指定的儲存路徑下看到建立好的影片檔，連按 二下滑鼠左鍵即可播放觀看。

3-4 儲存作品

設計影片作品的最後，記得將整個編輯與設定儲存為威力導演專案檔，威力導演的專案檔會以 (*.pds) 檔案格式儲存。

於威力導演編輯畫面，按 **檔案 \ 儲存專案** 開啟對話方塊，確定專案名稱及儲存路徑後，按 **存檔** 即可。

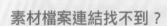

素材檔案連結找不到？

威力導演專案檔 (*.pds) 僅包含目前進行的工作狀態與設定，然而相關的媒體素材檔，則是以相對路徑連結的方式存在於來源的資料夾中。所以當你開啟專案檔時若無法順利找到素材檔，就會出現此對話方塊告知產生連結不到的問題。這時可按 **瀏覽**，重新指定正確的連結路徑即可。

延伸練習

一、選擇題

1. (　　) 以下哪一個不是威力導演快速製作影片的模式？
   A. Magic Movie 精靈　B. 幻燈片秀編輯器　C. 快速編輯器

2. (　　) 於 **Magic Movie 精靈** 的 **輸出檔案** 步驟，按 **匯出影片** 會進入哪一個畫面？
   A. 匯出專案　B. 製作光碟　C. 編輯

3. (　　) 於 **Magic Movie 精靈** 的 **輸出檔案** 步驟中，按 **進階編輯** 會進入哪個畫面？
   A. 輸出檔案　B. 製作光碟　C. 編輯

4. (　　) 以下哪一個不是預覽畫面延遲的原因？
   A. 圖片檔案過大　B. 圖片檔案過多　C. 電腦效能過高

5. (　　) 威力導演的檔案不能輸出哪一種檔案格式？
   A. *.MP4　B. *.WMV　C. *.docx

6. (　　) **Magic Movie 精靈** 設計完成進入編輯畫面後，若想變更設定，可以在選取該片段後按時間軸上方的什麼功能？
   A. **創意主題設計師**　B. **編輯**　C. **變更**

7. (　　) 開啟檔案時，如果出現找不到檔案素材的訊息對話方塊，可以按什麼功能重新指定連結？
   A. **輸出**　B. **瀏覽**　C. **略過**

8. (　　) 輸出影片的設定畫面中，核選什麼項目可以在輸出過程中同時預覽影片？
   A. 輸出檔案時啟用預覽　B. 瀏覽　C. 預覽與輸出

9. (　　) 輸出影片畫面中可以按什麼功能完全停止輸出影片？
   A. **暫停**　B. **停止**　C. **取消輸出**

10. (　　) 威力導演的檔案會以哪一種檔案格式儲存？
    A. *.PDF　B. *.pds　C. *.docx

二、實作題

請依如下提示完成「自然生態之旅」作品。

1. 開啟 16:9 新專案，匯入 <03-01.jpg> ~ <03-10.jpg> 相片素材，開啟 **Magic Movie** 精靈使用素材，再按 **下一步**。

2. 於 **樣式** 步驟，按 **免費下載**，於 DirectorZone 網站，找到合適的樣版下載並套用 (此作品下載 Wallet of Media)，再按 **下一步**。

3. 按 **設定**，於影片時間長度核選 **設定輸出時間長度**，再按 **下一步**。

4. 於 **預覽** 步驟，編修影片的 **起始文字** 及 **結束文字**，按 ▶ **播放** 預覽完成的影片，最後再按 **下一步**。

5. 於 **輸出檔案** 步驟，按 **進階編輯**，進入威力導演的編輯畫面，將作品儲存為 "自然生態之旅.pds" 專案檔。

04

極限競速運動

運動攝影工房與 AI 動態追蹤完美搭配

4-1 | 影片構思

以競速滑輪溜冰做為主題，佈置相關影片與相片後，套用 **片頭**、**片尾** 運動風格範本快速產生開場與結束內容，再利用 **運動攝影工房** 與 **AI 動態追蹤** 功能營造動態效果。

●●●● 作品搶先看

設計重點：

利用範本建置片頭與片尾內容，接著使用 **運動攝影工房** 的修補視訊、慢動作、重播與倒播、凍結畫面、逐格動畫、縮放平移功能，再使用 AI **動態追蹤** 套用聚光燈、箭頭效果。

參考完成檔：

<本書範例\ch04\完成檔\produce04.wmv>

●●●● 製作流程

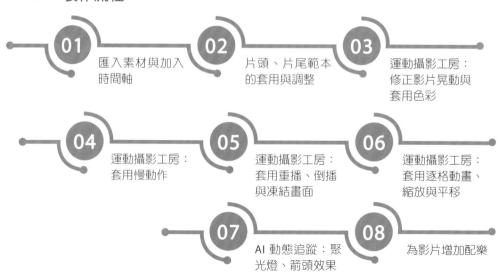

01 匯入素材與加入時間軸

02 片頭、片尾範本的套用與調整

03 運動攝影工房：修正影片晃動與套用色彩

04 運動攝影工房：套用慢動作

05 運動攝影工房：套用重播、倒播與凍結畫面

06 運動攝影工房：套用逐格動畫、縮放與平移

07 AI 動態追蹤：聚光燈、箭頭效果

08 為影片增加配樂

片頭、片尾範本快速運用

4-2

範本 面板提供 **片頭、片尾** 各式主題範本，不僅可以快速產生主影片開場與結束內容，預設的相片、視訊或特效...等內容，還可以透過 **片頭 (**或 **片尾) 影片設計師** 替換素材或修改文字。

匯入素材

作品以直排輪競速運動影片為方向，首先開啟威利導演 16:9 新專案，接著將作品中的素材匯入媒體庫。

 開啟威力導演後，在啟動畫面設定 **顯示比例：16:9**，按 **新增專案**。

 於 媒體 面板按 開啟左側檔案總管窗格，按 **我的媒體**，接著按 匯入 \ **匯入媒體檔案** 開啟對話方塊。

STEP 03 於範例原始檔資料夾按 Ctrl 鍵不放，選取 04-01.jpg~04-05.jpg 和 04-08.png 檔案，按 **開啟** 匯入，這時媒體庫中可看到二段影片素材、三張相片素材及一張圖片素材。

小提示

關於匯入素材其他設定

• 若想移除匯入的素材，於 📷 **媒體** 面板 \ **我的媒體** 要移除的素材上按一下滑鼠右鍵，按 **移除**。

• 若想清空匯入的素材，於 📷 **媒體** 面板 \ **我的媒體** 按右上角 ⋯ \ **清空媒體庫**，會將素材從威力導演的媒體庫中刪除。

將相片與影片素材加入時間軸

首先將匯入的素材加入到時間軸上，利用三張相片與二段比賽片段，完成影片的初步建置。

 利用 Ctrl 鍵選取 媒體 面板 \ 我的媒體 中 **04-01.jpg**、**04-02.wmv**、**04-03.wmv**、**04-04.jpg**、**04-05.jpg** 素材，按滑鼠左鍵不放拖曳至時間軸 **視訊軌1** 起始處擺放。

由於之後要為影片加上背景音樂，所以先將影片調整為靜音。在時間軸 **音軌1** 中按 啟用/停用此軌道 呈 狀，讓 **04-02** 和 **04-03** 影片素材呈現靜音狀態。

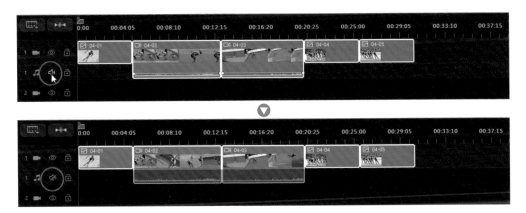

新增片頭範本設計

利用內建範本快速新增片頭影片,省去標題與特效設計,只要更換素材與文字,就能為平面相片注入動感效果。

於 ▦ **範本** 面板按 **片頭**,開啟下方清單,可看到 **生日、倒數、婚禮**...等分類主題,按分類主題可瀏覽相關的範本素材;按範本,右側預覽視窗會自動播放範本內容。

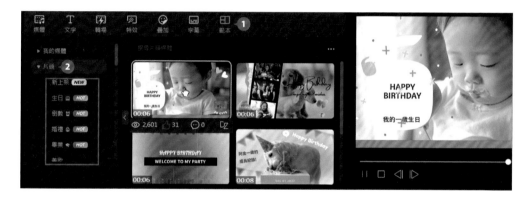

STEP 01 將時間軸指標移至時間軸起始處,於 ▦ **範本** 面板按 **片頭 \ 運動**,如圖在欲套用的範本上按滑鼠右鍵,按 **新增至時間軸**,提示對話方塊中按 **是**,開啟**片頭影片設計師**視窗準備編輯範本。

預覽視窗　　　替換背景媒體　選取範圍　裁切　翻轉　新增文字　加入圖片　編輯/更換背景音樂、音量

變更範本時間長度　　　　在背景相片/影片上套用顏色濾鏡　新增疊加

STEP 02 以這個片頭範本為例，需要將預設的影片、標題與副標，更換成符合競速運動方向的相片與文字，所以先按 🖼 **更換背景媒體＼匯入媒體檔案** 開啟對話方塊，於範例原始檔資料夾選取 <04-06.jpg>，按 **開啟** 匯入。

選取預設的標題，於左側開啟的 **動態圖形設定 \ 文字 \ 文字1**、**文字2** 輸入「EXTREME SPORTS」、「Speed & Strength」文字，按 **新增至時間軸**。

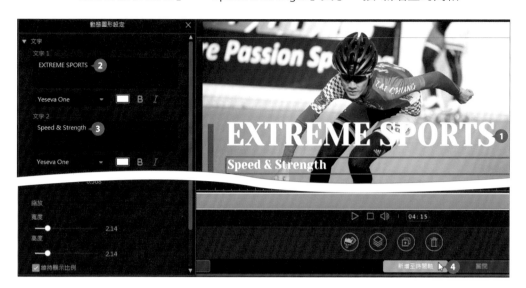

 在儲存變更的對話方塊按 **是**，接著輸入自訂範本名稱，按 **確定** 另存新檔。

 時間軸起始處，可以看到修改後的片頭範本內容已分散在 **視訊軌1**、**視訊軌2** 與 **音軌4** 中。在此選取 **視訊軌2** 片頭文字，按 ◎ 先查看時間長度為「00:00:09:00」，按 **確定**。

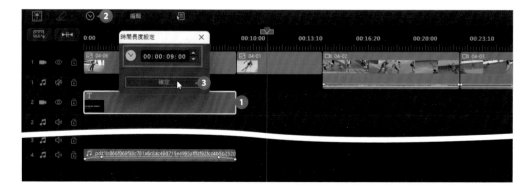

片頭文字開始播放至結束，希望以二張相片素材做為背景切換。按 Ctrl 鍵不放，選取 **04-06**、**04-01** 相片素材，按 ⊘ 一次縮短二張相片的時間長度：「00:00:04:15」(二個合起來的時間為 00:00:09:00 同片頭文字長度)。

最後選取 **音軌4** 的片頭音訊，按 Del 鍵刪除。

新增片尾範本設計

與片頭範本相同，利用內建範本快速新增片尾影片，省去片尾與特效設計。

 於時間軸選取 **04-05** 相片素材，將滑鼠指標移至結尾處呈 🐾 狀，按一下，將時間軸指標移至結尾。

 於 ⊞ **範本** 面板按 **片尾**，如圖在欲套用的範本上按滑鼠右鍵，按 **新增至時間軸**，提示對話方塊中按 **是**，開啟 **片尾影片設計師** 視窗。

STEP 03 以這個片尾範本為例，按 🔘 **更換背景媒體 \ 匯入媒體檔案** 開啟對話方塊，於範例原始檔資料夾選取 <04-07.jpg>，按 **開啟** 匯入，將預設的影片更換成符合競速運動方向的相片，再刪除不需要的文字與圖形，按 **新增至時間軸**。

在儲存變更的對話方塊按 **是**，接著輸入自訂範本名稱，按 **確定** 另存新檔。

 時間軸片尾處，可以看到修改後的片尾範本內容已分散在 **視訊軌 1**～**視訊軌3**。在此選取 **視訊軌3** 片尾文字，按 按鈕 先查看時間長度為「00:00:06:00」，按 **確定**。

片尾文字要以三張相片素材做為背景切換。按 `Ctrl` 鍵不放，選取 **04-04**、**04-05**、**04-07** 相片素材，按 按鈕 縮短時間長度：「00:00:02:00」，按 **確定**。

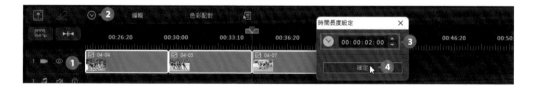

最後按 `Ctrl` 鍵不放，選取片尾物件與文字，將滑鼠指標移至上方，按滑鼠左鍵不放向左拖曳至對齊上方 **04-03** 影片素材結尾處。

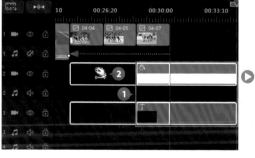 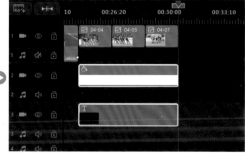

4-3 運動攝影工房

威力導演的 **運動攝影工房**，提供運動影片剪輯需要的各式功能，並分成 **修補** 與 **特效** 二個項目，讓你輕鬆打造充滿動感與震撼力的影片。

開啟運動攝影工房

於時間軸 **視訊軌1** 選取 **04-02** 影片素材後，按 **編輯**，在 **視訊 \ 工具** 標籤按 **運動攝影工房** 開啟視窗。

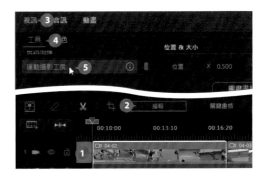

修復視訊片段　　加入動作特效　　　　　　　　　　預覽畫面　　　　　　　　運動攝影工房設定

運動攝影工房時間軸　　　　　　　　　　　　　　檢視整部影片　　在時間軸上放大或縮小

修補影片穩定度與色彩風格

運動攝影工房 視窗中的 **修補** 標籤，提供 **鏡頭校正** (修正魚眼或暗角)、**視訊穩定器** (修正影片晃動)、**白平衡** (利用色溫來建立特定氛圍) 與 **色彩風格檔** (轉換視訊的色彩風格) 四種功能。

在這個作品，要為影片修正晃動狀態，並套用色彩風格檔。

STEP 01 於 **修補** 標籤中，先核選 **視訊穩定器** 並按左側 ▶ 展開下方設定內容，透過左右拖曳滑桿的方式增加或降低影片修正的強度。

核選此項，可以修正因為攝影機旋轉而產生震動的影片。

核選此項，可以改善片段影片的輸出品質，只是此功能需要更多的運算能力，所以預覽時會造成嚴重延遲，建議切換至 **非即時預覽** 模式 (⚙ **設定使用者偏好設定\顯示\時間軸預覽模式**)，或僅對套用的影片範圍輸出預覽。(按後方 ⓘ 圖示有此功能相關說明)

接著核選 **色彩風格檔** 並按左側 ▶ 展開下方設定內容，於清單中按 **運動**，再按 **冬雪** 樣式套用。

這段影片之後要設定成慢動作、倒播...等效果，會影響音訊的呈現，所以按 ⚙ **設定** 開啟對話方塊核選 **移除音訊**，再按 **套用**。

慢動作特效

運動攝影工房 視窗中的 **特效** 標籤，可以透過時間區段的建立，在影片的重要時刻利用如：重播、倒播或慢動作...等效果突顯；而凍結畫格則是藉由指定某一個時間點，暫停或縮放特定的動作畫面。

在建立動作特效前，可以按 ▶ 預覽影片內容 (以便有效掌握影片整體概況)，一開始先為指定的影片區段套用慢動作效果。

 將時間軸指標移至約「00:00:04:10」時間點 (也可直接於預覽畫面下方的 **目前時間** 輸入「00:00:04:10」)，這裡要先指定欲套用特效的影片區段，所以按 **特效** 標籤，再按時間軸上方的 **建立時間調整區段**。

STEP **02** 這時會建立時間調整區段，並以橘色方框顯示。將滑鼠指標移至方框右側邊界呈 ↔ 狀，按滑鼠左鍵不放往右拖曳至約「00:00:06:00」位置，調整出套用效果的影片區段。

STEP **03** 於 **特效** 標籤 \ **時間移位特效** \ **速度** 核選 **套用速度效果**，這個區段的影片要以慢動作呈現，所以在 **時間長度** 下方直接輸入「00:00:04:00」持續時間；或者也可以將 **加速器** 滑桿往左拖曳放慢速度 (往右拖曳加快速度)。

STEP **04** 為了讓放慢速度的該段影片跟前後正常影片的銜接更為順暢，這裡核選 **漸入** 與 **漸出**。

當前後套用漸入或漸出效果時，**時間長度** 會因此更動，最後再將時間長度調回「00:00:04:00」。

 小 提 示

時間調整區段只能建立一個？

在片段影片上，可以用 **建立時間調整區段** 產生多個時間調整區段，讓各式特效可以重複使用。

重播與倒播特效

STEP 01 同樣的調整區段中，於 **特效** 標籤 \ **時間移位特效** \ **重播** 核選 **套用重播和倒播**，設定 **播放次數：2**，讓該段影片產生重播 1 次的效果。另外核選 **加入倒播效果**，則會有影片倒帶效果。

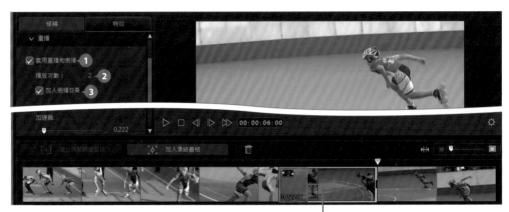

左上角圖示為重複的次數，左下角數字為速度數值。

STEP 02 因為前面設定重播效果，所以最後在 **套用特效至** 選擇 **最後一景** (前一頁於 **速度** 區塊中設定的慢動作效果會在第二次播放時呈現)。

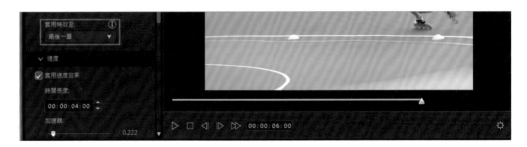

小提示

時間調整區段的調整與移除

建立的時間調整區段可以於邊框二側拖曳調整範圍大小；如果想要移除，可以按時間軸上方 🗑。

凍結畫面

透過凍結畫面功能,暫停影片中某一個精彩畫面,並透過停留與縮放突顯重要時刻。

STEP 01 相同的調整區段中,於 **特效** 標籤將時間軸指標移到欲凍結的畫面 (作品中的時間點為:「00:00:05:15」),按 **加入凍結畫格**。

利用放大縮小控制項調整時間軸上的影片,以便更精確地找到畫格。

STEP 02 於時間軸指定的時間點會出現一個凍結標籤,於 **特效** 標籤 \ **凍結畫格** 設定 **時間長度** (作品中的時間長度為:「00:00:03:00」),核選 **套用縮放效果**,於下方的縮圖上,如圖調整縮放框的大小與位置。

凍結標籤會在時間軸指標移至上方時,以黃色呈現,其他時刻則呈現綠色。

逐格動畫

透過 **逐格動畫** 功能,設定影片調整區段欲跳過的畫格數,讓影片暫停一段時間後,再跳至目前的視訊畫格。

STEP 01 於 **特效** 標籤將時間軸指標移至約「00:00:06:05」時間點,按時間軸上方 **建立時間調整區段**,然後將滑鼠指標移至橘色方框右側邊界呈 ↔ 狀,按滑鼠左鍵不放往右拖曳至約「00:00:07:20」時間點,調整要套用效果的影片區段。

STEP 02 於 **特效** 標籤 \ **時間移位特效** \ **逐格動畫** 核選 **套用逐格動畫**,直接輸入「15」按 Enter 鍵,也可以透過滑桿以拖曳方式設定。

縮放與平移

可以在影片調整區段中，對選定的節點新增 **縮放與平移** 特效。

 將時間軸指標移到欲新增 **縮放與平移** 特效的畫面 (作品中的時間點為：「00:00:06:25」)，接著於 **特效** 標籤 \ **時間移位特效** \ **縮放與平移** 按 新增關鍵畫格。

 於時間軸指定的時間點會出現如下圖的黃色標籤，**縮放與平移** 項目下方縮圖上的方框為焦點區域，將滑鼠指標移到上方呈 ✥ 狀時可調位置，移至四周八個控點呈 ⤢ 狀時可調整大小，如下圖縮小焦點區域框的大小與調整位置。

這樣就完成運動工房的特效套用與相關設計，最後按 **確定**。

回到 "運動攝影工房" 視窗再次修改

若要回到 **運動攝影工房** 視窗修改相關設定時,可以在時間軸選取該影片素材後,
按 **運動攝影工房** 繼續編輯。

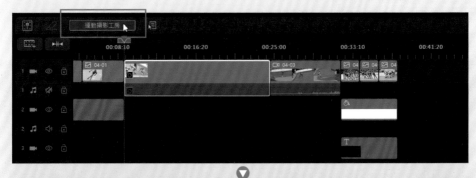

AI 動態追蹤

4-4

威力導演的動態追蹤技術,可以在影片中準確追蹤到移動的人物或物體,並透過文字、影像、片段影片,甚至是加入聚光燈或馬賽克特效,讓影片更為生動有趣!

建立追蹤物件

STEP 01　於時間軸 **視訊軌1** 選取 **04-03** 影片素材,按 **編輯**,在 **視訊 \ 工具** 標籤按 **動態追蹤**。

動態追蹤的操作步驟　　　新增文字特效、新增影像、疊加或影片片段、新增馬賽克、聚光燈或模糊特效　　追蹤選取框　　預覽畫面

屬性設定　　　　追蹤物件　追蹤時間軸　預覽時顯示或隱藏追蹤器選取框

STEP 02 預覽畫面中會看到預設動態選取框顯示在選手上,將滑鼠指標移到選取框內呈 ✥ 狀,按滑鼠左鍵不放拖曳調整到適當位置;將滑鼠指標移到選取框周圍控點 上,呈 ⚯ 狀拖曳調整大小。

 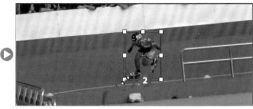

STEP 03 確認追蹤選取框的位置與範圍無 誤後,按 **追蹤**,這時預覽畫面會 先播放一次追蹤器選取框套用的 效果。

STEP 04 追蹤器會因為目標移動而跟著移動,只是當目標周圍有太多人或雜物,亦或目 標與邊緣顏色相近時,常會影響追蹤器準確性。如果要調整,可以再次按 ▷ **播放** 檢視追蹤狀況,並在過程中按 ❚❚ **暫停** 與移動播放指標到欲調整的畫面, 重新調整追蹤器的範圍後,再按 **追蹤** 重新追蹤。

STEP 05 以這個運動影片來說,希望追蹤器結束在第一位選手身上,所以先拖曳播放指 標到追蹤器最後顯示位置,按 🔘 **結束標記**,再按 **追蹤** 重新追蹤,最後可按 ▷ **播放** 檢視,會發現追蹤器在第二位選手接棒後結束追蹤。

套用聚光燈效果

 接下來要為加入追蹤器的選手套用聚光燈效果。按 **fx**，於清單中按 **聚光燈**，設定 **色彩**、**亮度**、**漸層**，並核選 **平滑設定：較為流暢**、**隨追蹤的物件調整特效距離** 與 **隨追蹤的物件調整特效大小**。

 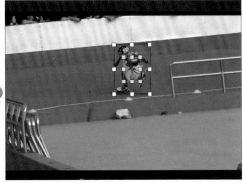

 預覽畫面中利用藍色控點調整聚光燈範圍 (此作品建立範圍大約人物全身)，接著按 ◉ 呈 ◉ 狀隱藏追蹤器選取框，再按 ▶ **播放** 預覽，發現聚光燈範圍會因為人物主體愈來愈遠，而自動調整大小並集中，按 **確定**。

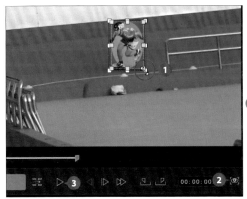 

小提示

加入、移除與複製追蹤器

影片中如果要再新增追蹤器，可以按 **加入追蹤器**；而時間軸上的追蹤器則可以按一下滑鼠右鍵，於清單中按移除或複製追蹤器。

加入追蹤箭頭

STEP 01 於時間軸 **視訊軌1** 選取 **04-03** 影片素材，按 **編輯**，在 **視訊 \ 工具** 標籤按 **動態追蹤**，在出現的詢問對話方塊按 **是** 開啟視窗。

STEP 02 按圖，再按 **匯入媒體片段 \ 從媒體庫匯入** 選取 **04-08.png**，按 **確定**。

STEP 03 核選 **平滑設定：較為流暢**、**隨追蹤的物件調整特效距離** 與 **隨追蹤的物件調整特效大小**，於預覽畫面中用藍色控點調整箭頭大小，並移動到追蹤人物頭部上方，按▷**播放** 預覽沒問題後，最後按 **確定** 完成此作品。

為影片增添配樂

4-5

影片的背景配樂是不可或缺的重要設計，音訊素材的下載與加入後，透過播放長度、音樂過場效果和音量調整，讓視覺與聽覺融合在一起。

加入音訊素材

背景配樂可以透過 DiretorZone 網站或其他合法授權免費音訊網站下載。於 **媒體** 面板 \ **我的媒體** 按 匯入 \ 從 **DirectorZone 下載音效** 開啟 DirectorZone 網站，找到合適音訊下載。(此作品下載 **Christmas Eve. M4A**，下載說明可參考 P2-21)

下載回來的音訊素材，可以於 **媒體** 面板 \ **我的媒體** \ **下載項目** 找到。接著按 **Christmas Eve.M4A**，按滑鼠左鍵不放拖曳至時間軸 **音軌4** 起始處放開。

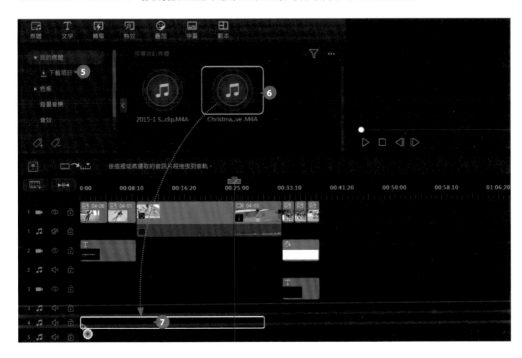

為配樂歌曲加入過場效果

背景音樂如果由多首曲目組成時，以往都必須透過聲音淡入淡出的手動設定才能減少轉場時的突兀，其實只要利用滑鼠拖曳，讓前後音訊素材重疊即會自動運算並產生聲音的過場 (轉場) 效果，並可自訂控制過場的時間長度，非常方便喔！

繼續加入同一首 **Christmas Eve.M4A** 音訊素材，並與前一首歌曲設計過場效果。

STEP 01 於 🎞 **媒體** 面板 \ **我的媒體** \ **下載項目** \ **Christmas Eve.M4A** 音訊素材，按滑鼠左鍵不放拖曳至時間軸 **音軌4** 中第一首音訊素材後方再放開。

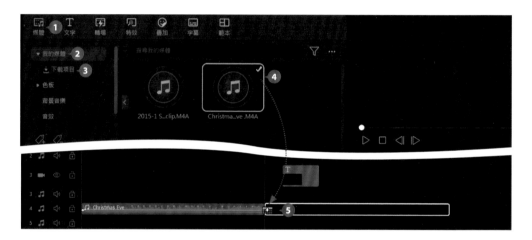

STEP 02 在時間軸 **音軌4** 選取第二首音訊素材狀態下，按滑鼠左鍵不放往左拖曳一些讓二個音訊素材重疊，會自動運算產生聲音的過場 (轉場) 效果，接著於清單中按 **交叉淡化**，完成配樂歌曲過場效果。

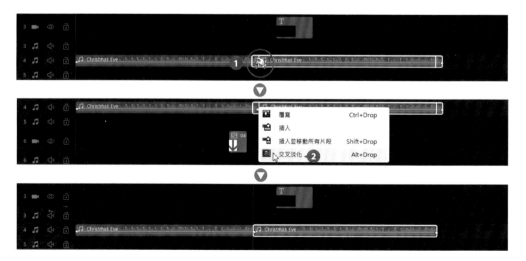

調整配樂歌曲的時間長度

若時間軸中的音訊素材需要與影片片段、文字內容或影片結尾同時結束,可以調整音訊素材時間長度。

於時間軸 **音軌4**,將滑鼠指標移至第二首音訊素材結尾處呈 狀,按滑鼠左鍵不放往左側拖曳,調整此段音訊素材時間長度對齊 **視訊軌3** 的文字素材結尾處。

透過 "音量控制點" 調整配樂音量

透過 **音量控制點** 調整影片中各軌道內音訊素材的音量,此作品將在第二首配樂歌曲結束時降低音量並呈現淡出感覺。

STEP 01 於時間軸 **音軌4** 選取最後一個音訊素材,將滑鼠指標移至藍色水平線最後方,按 Ctrl 鍵不放,呈白色箭頭時按一下滑鼠左鍵新增一個音量控制點。

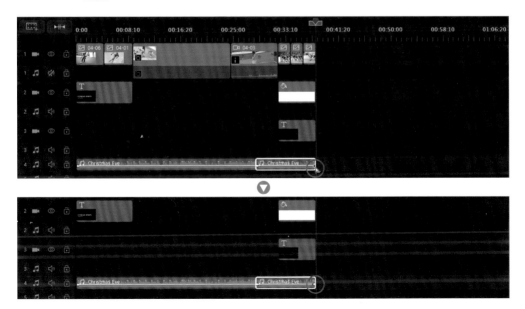

將滑鼠指標移至音量控制點上，呈紅色時按滑鼠左鍵不放將音量控制點往下拖曳至音訊素材最底端。

將滑鼠指標移至於如圖位置上，按 Ctrl 鍵不放，當呈白色箭頭時按一下滑鼠左鍵再新增一音量控制點，將該音量控制點往上拖曳至中央水平處，讓配樂聲音從該點開始淡出到無聲。

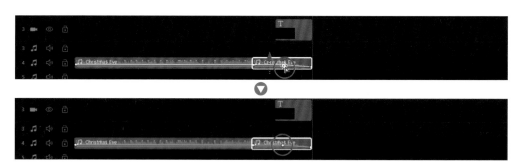

調整好配樂音量，如此即完成此作品的設計，別忘了儲存檔案。

小提示

移除音量控制點

若想要移除音量控制點，只要將滑鼠指標移至要移除的音量控制點上呈紅色時，按 Ctrl 鍵不放，待滑鼠指標呈 🗑 狀再按一下滑鼠左鍵，即可移除。

延 伸 練 習

一、選擇題

1. (　　) 提供各式片頭與片尾主題範本，並預設包含相片、視訊或特效...等，讓使用者可進行替換，是哪個面板？

   A. **媒體**　　B. **專案**　　C. **範本**　　D. **快速範本**

2. (　　) 時間軸上的素材或特效，可以利用什麼方式刪除？

   A. 🗑　　B. 在選取的素材或特效上按一下滑鼠右鍵，按 **移除**　　C. Del 鍵
   D. 以上皆可

3. (　　) 哪個項目不屬於 **運動攝影工房** 的 **特效** 標籤所屬功能？

   A. **逐格動畫**　　B. **套用重播跟倒播**　　C. **鏡頭校正**　　D. **加入凍結畫面**

4. (　　) 下面哪一項無法加到 **動態追蹤** 的追蹤物件上？

   A. 文字　　B. 影像　　C. 聚光燈　　D. 陰影

5. (　　) 於時間軸 **音軌** 選取音訊素材後，將滑鼠指標移至藍色水平線上，搭配什麼鍵，可新增音量控制點？

   A. Alt 鍵　　B. Shift 鍵　　C. Ctrl 鍵　　D. Tab 鍵

二、實作題

請依如下提示完成「EXTREME SPORT」作品。

1. 開啟 16:9 新專案，在媒體庫匯入 <04-02.jpg>~<04-05.png> 的相片、二段影片和圖片素材，接著利用 Ctrl 鍵選取 <04-02.jpg>~<04-04.wmv>，按滑鼠左鍵不放拖曳至時間軸 **視訊軌1** 起始處依序擺放，取消核選 **音軌1**。

2. 新增片頭範本設計：時間軸起始處新增如右圖運動片頭
範本，並開啟 **片頭影片設計師**，更換背景為 <04-01.jpg>
相片，文字調整為：「EXTREME SPORT」「Inline Spees
Skating」。

刪除時間軸 **音軌5** 的音訊素材，再按 Ctrl 鍵不放，選取 **04-01** 與 **04-02** 相片素
材，一次縮短二張相片的時間長度：「00:00:05:00」。

3. 新增片尾範本設計：時間軸結尾處新增如右下圖片尾範
本，並開啟 **片尾影片設計師**，更換背景為 <04-06.jpg> 相
片，刪除「Like and Subscribe」文字，將「WATCHING」文
字往下移動。

時間軸選取 **04-06** 相片素材，縮短時間長度：「00:00:06:00」，接著利用 Ctrl 選
取片尾範本另外五個素材 (不含 **04-06**)，將滑鼠指標移至某個素材結尾處呈
狀，往左拖曳至對齊 **04-06** 相片素材結尾處。

4. 調整影片長度與套用特效：時間軸 **視訊軌1** 選取 **04-
03** 影片素材，於 **運動攝影工房** 視窗 **修補** 標籤修正視
訊晃動、套用 **運動**、**冬雪** 色彩風格檔。

接著於 **特效** 標籤建立「00:00:03:00」～「00:00:05:00」
的時間調整區段，套用重播和倒播，設定播放次數：「2」。另外於「00:00:04:15」
新增 **縮放與平移** 的關鍵畫格，縮小焦點區域框的大小與調整位置。

5. 為影片加入 AI 動態追蹤：於時間軸 **視訊軌1** 選取 **04-05** 影片素材，於 **動態追蹤** 視
窗確認追蹤選取框的位置與範圍後，加入追蹤器，並跟著目標移動而微調。

接著在加入追蹤器的小朋友上方加入 **04-05.png** 影像素材，核選 **平滑設定：較為
流暢** 與 **隨追蹤的物件調整特效大小**，並調整手指大小與位置。

6. 最後於時間軸 **音軌9** 加入合適音訊素材，再調整音訊時間長度與結尾處降低音量
並呈現淡出效果，即完成作品。(若一首音訊素材時間長度不夠可再加入第二首)

05

YouTube 好物開箱

巢狀專案編輯

5-1 影片構思

以好物開箱做為影片主題，利用 "巢狀專案編輯" 觀念，再加上商品說明、旁白、字幕、背景音樂、縮圖製作，到最後上傳到 YouTube，讓你一秒化身 YouTuber！

●●●● 作品搶先看

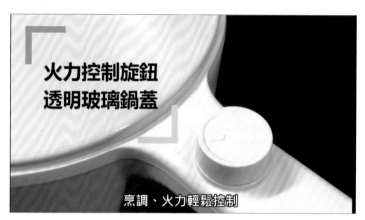

設計重點：

建立片頭、片尾，利用 **插入專案** 整合主影片，接著完成影片修剪、插入動態圖形文字、旁白、字幕、背景音樂，最後上傳到 YouTube 並自製影片縮圖。

參考完成檔：

<本書範例\ch05\完成檔\Produce05.mp4>

●●●● 製作流程

01 利用疊加物件、關鍵畫格、文字設計片頭、片尾

02 藉由巢狀專案編輯，整合片頭、片尾與主影片

03 修剪影片的開頭與結尾

04 運用動態圖形文字加入商品說明

05 加入旁白與字幕

06 加入背景音樂

07 上傳到 YouTube

08 製作影片縮圖

5-2 關於巢狀專案編輯

"巢狀專案編輯" 是透過 **插入專案** 功能，將多個子專案整併至主要專案，剪輯不僅變得便利有彈性，還可以針對巢狀專案 (插入的專案) 各別編輯並即時套用。

影片表現主要分成三個區塊，分別是片頭、主影片及片尾，如果影片產生的過程中，片頭、片尾均固定，只要替換中間的主影片，這樣的編輯方式不但省時有效率，也可統一系列影片的風格。

影片組成元素 =

| 片頭 (固定) | + | 主影片 (可替換) | + | 片尾 (固定) |

這個架構下，威力導演可以將片頭、片尾儲存成獨立的子專案，之後再利用 **插入專案** 功能，針對不同的主專案 (主影片)，插入相同的子專案 (片頭與片尾)，微調片頭主題名稱，即完成一部部全新影片。

主專案內可以透過時間軸上方的標籤切換到子專案相關內容，直接編輯，不用再開啟原來專案檔操作。

片頭專案　利用標籤切換主專案與子專案　　　主影片　　　　　　　　　　　　片尾專案

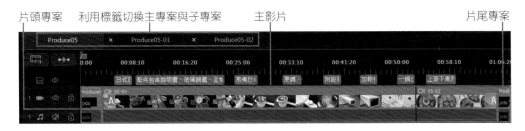

如果子專案放到不同的視訊軌上，會呈現覆疊狀態 (子母畫面)，子專案跟素材之間不僅可以重疊擺放，還可以調整子專案大小、透視效果或透明度...等。

片頭、片尾設計

5-3

為拍攝好的影片製作專屬片頭片尾,展現個人或品牌的概念及形象,吸引觀眾目光,藉此提升頻道與 YouTube 影片曝光度。

加入疊加物件

片頭設計上,運用疊加物件做變化。

 開啟威力導演後,在啟動畫面設定 **顯示比例:16:9**,按 **新增專案** 進入編輯畫面。

 於 ⊙ 疊加 面板按 貼圖 \ 一般 \ 一般16 物件,按 🔲 在選取的軌道上插入。

時間軸選取 **視訊軸1** 狀態下，按 **檢視整部影片** 讓疊加物件內容完整顯示。

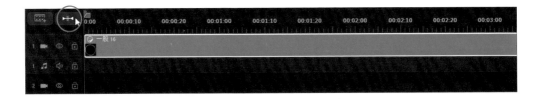

利用關鍵畫格讓疊加物件動起來

利用 **關鍵畫格** 讓疊加物件在特定時間點產生不同大小或透明度...等變化，建立動態效果。以這個片頭來說，將利用圓形物件，設計出逐漸放大並淡出的動畫。

 於時間軸 **視訊軸1** 選取 **一般16** 疊加物件，按 **關鍵畫格** 開啟面板。先往右拖曳放大時間軸顯示比例至以 5 畫格為間距，接著拖曳時間軸指標至起始處，在 **片段屬性** 的 **高度** 按 **新增/移除目前的關鍵畫格** 建立關鍵畫格。

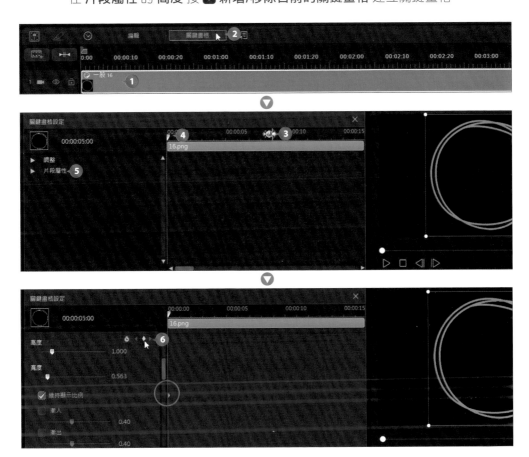

依相同方式在 **不透明度** 建立關鍵畫格。建立第一組「00:00:00」時間點關鍵畫格後，分別拖曳時間軸指標至「00:00:05」、「00:00:10」、「00:00:15」三個時間點，在 **片段屬性** 的 **高度** 及 **不透明度** 建立如下圖的三組關鍵畫格。

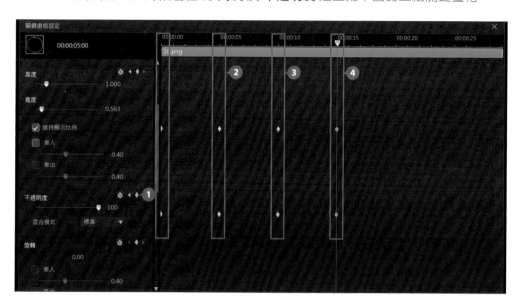

 利用關鍵畫格調整 **一般16** 疊加物件高寬與不透明度：於第一組「00:00:00」時間點按 **高度** 的關鍵畫格 (被選取的關鍵畫格會呈紅色)，設定 **高度：**「0.000」(**維持顯示比例** 為核選狀態，寬度會等比例顯示)。

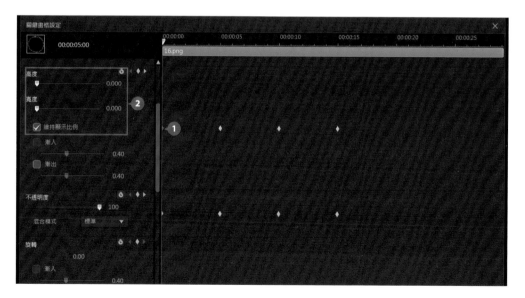

依相同方式,分別於第二～四組時間點第 1 個關鍵畫格,設定 **高度**: 「0.600」、「1.200」、「1.800」(**寬度** 會等比例顯示),第 2 個關鍵畫格設定 **不透明度**:「80」、「60」、「40」,完成後可拖曳時間軸指標至起始處,按瀏覽畫面下方▶**播放** 觀看效果,然後於 **關鍵畫格設定** 面板按右上角☒**關閉**。

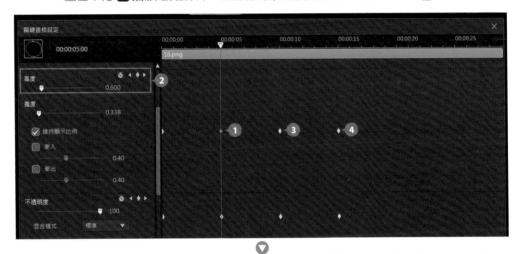

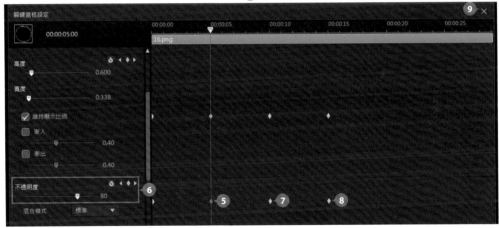

 於時間軸 **視訊軌1** 選取 **一般16** 疊加物件,按⊙調整時間長度:「00:00:00:20」,按 **確定**,完成第一個疊加物件設計。

複製產生其他疊加物件

利用複製產生另外二個疊加物件，再利用時間差讓三個疊加物件逐一出現產生層次感。

 於時間軸 **視訊軌1** 的 **一般16** 疊加物件上按一下滑鼠右鍵，按 **複製**。

 將時間軸指標移至約 「00:00:00:04」 時間點，然後於時間軸 **視訊軌2** 上方按一下滑鼠右鍵，按 **貼上**，貼上第二個疊加物件。

STEP 03 依相同方式，將時間軸指標移至約 「00:00:00:08」 時間點，然後於時間軸 **視訊軌3** 貼上第三個疊加物件。

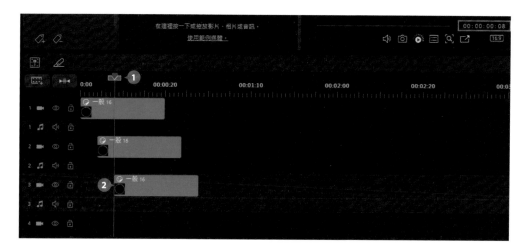

製作片頭文字並儲存為專案

選用預設的文字特效,搭配疊加物件,完成影片片頭的整體設計。

 STEP 01 於時間軸按 **新增其他視訊軌/音軌至時間軸**,於 **剪輯軌管理員** 對話方塊中設定 **新增「1」視訊軌**,確認 **位置:在第 3 軌下**,音訊 與 特效 分別設定「0」音軌與「0」特效軌,再按 **確定**,新增 **視訊軌4**。

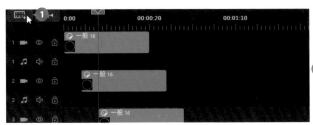

STEP 02 於時間軸按 **視訊軌4**,將時間軸指標移至約 「00:00:00:14」 時間點,再於 文字 面板按 **文字\一般\雷達偵測** 文字特效,按 在選取的軌道上插入。

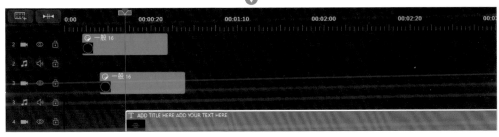

STEP 03 於時間軸 **視訊軌4** 選取剛才加入的文字特效，按 **編輯** 進入快速編輯模式。

STEP 04 於 **文字** 標籤修改文字為「商品開箱」、「日式蒸煮陶瓷料理鍋」，設定合適字型、字型大小、**粗體**，於面板按右上角 ✕ 關閉。

STEP 05 於時間軸 **視訊軌4** 選取剛才加入的文字特效，按 🕒 調整時間長度：「00:00:03:00」，按 **確定**。

STEP 06 最後按 **檔案 \ 儲存專案** 開啟對話方塊，確定此片頭的儲存路徑與專案名稱後，按 **存檔**。

製作片尾文字並儲存為專案

STEP 01 開啟另一個 16:9 新專案製作片尾文字：於 **T** **文字** 面板按 **文字 \ 純文字 \ 底圖 02** 文字特效，按 ◾◢◣ **在選取的軌道上插入** 插入時間軸起始處。設定時間長度：「00:00:02:00」，然後按 **編輯** 進入快速編輯模式。

STEP 02 於右側預覽視窗，將播放時間點移至約 「00:00:01:25」，按 Ctrl 鍵不放選取預覽視窗中二個文字物件，拖曳至畫面正中央 (出現對齊線)，再分別修改文字內容為：「文淵閣嚴選」、「DIRECTED BY」，完成片尾設計記得儲存此專案。

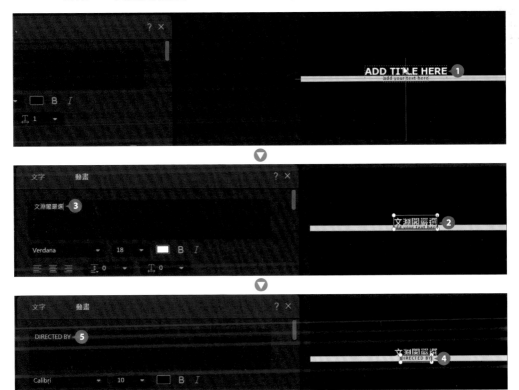

整合片頭、片尾與主影片

5-4

運用 "巢狀專案編輯" 觀念，在主影片的前、後分別插入片頭、片尾專案與相關素材並合併成一個新專案，大幅提升影片剪輯的流暢度與更新頻率。

STEP 01 開啟威力導演 16:9 新專案，於 📷 **媒體** 面板按 **我的媒體 \ 📥 匯入 \ 匯入媒體檔案**，匯入範例原始檔資料夾中 <05-01.wmv>、<05-02.wmv>、<05-05.wav> 檔案，並於時間軸 **視訊軌1** 起始處插入 **05-01.wmv**、**05-02.wmv** 主影片素材。

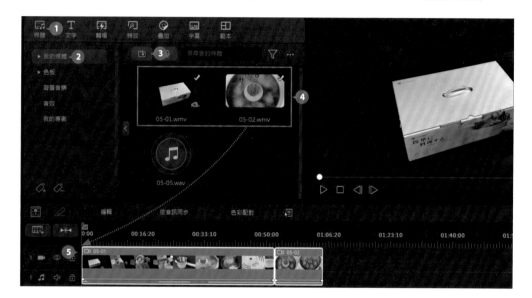

STEP 02 將時間軸指標移至 **05-01** 影片素材起始處，按 **檔案 \ 插入專案** 開啟對話方塊，選取片頭專案 (在此選取範例完成檔 <Produce05-01.pds>，也可以選取剛才做好的片頭專案檔)，按 **開啟**。

STEP 03 將時間軸指標移至 **05-02** 影片素材結尾處，依相同方式插入片尾專案 (在此選取範例完成檔 <Produce05-02.pds>，也可以選取剛才做好的片尾專案檔)。

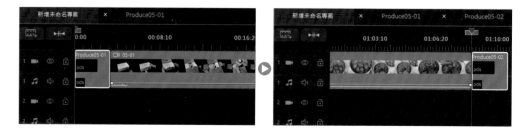

由於之後要加上背景音樂，所以在時間軸 **音軌1** 中先按 🔊 **啟用/停用此軌道** 呈 🔇 狀，讓影片素材呈現靜音狀態。

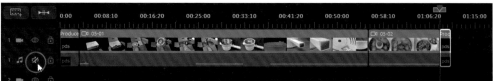

小提示

切換與修改插入的子專案內容

將各別子專案加到主專案後，會在威力導演的時間軸上方看到所屬標籤，而插入的子專案在時間軸上會顯示為單一視訊，縮圖標示 "pds"。

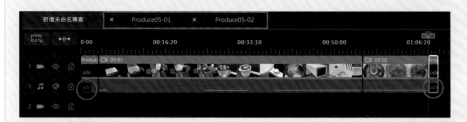

如果按該子專案標籤，會進入該子專案的編輯狀態，修改內容後會即時套用到主專案，並自動更新時間軸。(注意！！在巢狀專案編輯狀態下，子專案調整的內容，僅會套用並儲存於正在編輯的主專案中，並不會影響子專案的原始檔案)

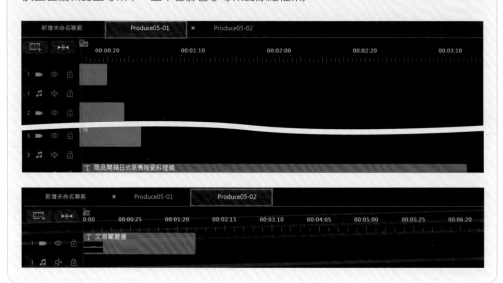

5-5 修剪主影片並套用轉場

透過修剪主影片，有效控制主影片的開始或結束播放時間點，縮短時間長度；之後再利用轉場，自然銜接片頭、主影片與片尾。

在時間軸上修剪影片

開始修剪影片前，可以先按 ▶ **播放**，瀏覽目前所有素材內容，同時構思修剪區段。

 於時間軸 **視訊軌1** 選取 **05-01** 影片素材，將滑鼠指標移至起始處，呈 ⇔ 狀，按滑鼠左鍵不放往右拖曳至合適起始點（作品中預計的開始時間為：「00:00:05:00」），再按 **修剪和移動所有片段**。

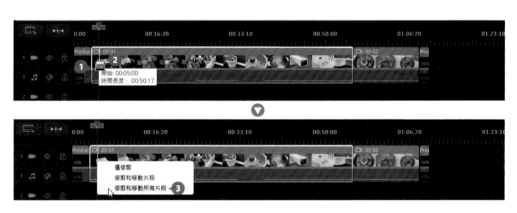

 將滑鼠指標移至 **05-01** 影片素材結尾處，呈 ⇔ 狀，按滑鼠左鍵不放往左拖曳至合適結束點（作品中預計的結束時間為：「00:00:53:00」），再按 **修剪和移動所有片段**。

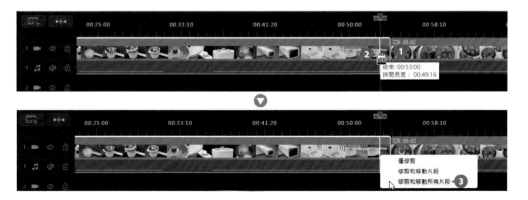

套用轉場效果

利用轉場特效，讓主影片在開始與結束播放時，可以藉由轉場與片頭、片尾順暢銜接。

STEP 01 於 🎬 **轉場** 面板按 **轉場 \ 幾何圖案 \ 滑行 01** 轉場特效，按滑鼠左鍵不放拖曳至時間軸 **視訊軌1** 中 **05-01** 影片素材起始處再放開。

STEP 02 於 🎬 **轉場** 面板按 **轉場 \ 一般 \ 淡化** 轉場特效，按滑鼠左鍵不放，拖曳至時間軸 **視訊軌1** 中 **05-02** 影片素材結尾處再放開。

為主影片加入文字標示

5-6

透過 **動態圖形** 文字為影片標示如：理念、特色、優勢、介紹...等
動態資訊，豐富主影片的創意與節奏。

插入並調整動態圖形文字

威力導演提供多款 **動態圖形** 文字，為文字增添動感特效，並有多種樣式，滿足各種不
同風格的影片需求。

 於時間軸按 **視訊軌2**，將時間軸指標移至約「00:00:32:03」時間點，再於 🅣 文
字 面板按 **文字 \ 動態圖形 \ 動態圖形 010** 文字特效，按 **在選取的軌道上
插入**。

 於時間軸 **視訊軌2** 選取剛才加入
的文字特效，按 **編輯** 進入快速編
輯模式。

選取要編輯的文字，修改為：「火力控制旋鈕」、「透明玻璃鍋蓋」，設定合適的字型、粗體與顏色，接著於右側預覽視窗拖曳調整文字物件的位置與大小 (或往下捲動垂直捲軸利用 **位置 & 大小** 精準調整)，最後按 ✕ 關閉。

於時間軸 **視訊軌2** 選取剛才加入的文字特效，按 ⊙ 調整時間長度：「00:00:04:00」，按 **確定**。

複製產生其他動態圖形文字

利用複製方式，產生另外二個動態圖形文字，並調整文字、位置與時間長度。

於時間軸 **視訊軌2** 第一個文字特效上按一下滑鼠右鍵，按 **複製**。

STEP 02 將時間軸指標移至約「00:00:38:09」時間點，於時間軸 **視訊軌2** 上方按一下滑鼠右鍵，按 **貼上 \ 貼上並插入**，貼上第二個文字特效。

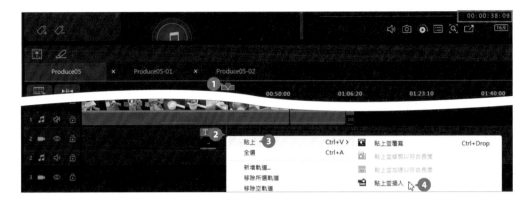

STEP 03 選取第二個文字特效狀態下，按 **編輯** 進入快速編輯模式，修改文字內容為：「304 不鏽鋼蒸籠」、「電壓 110V」、「電功率 600W」，並於預覽視窗拖曳至如圖位置，按 ✕ 關閉。

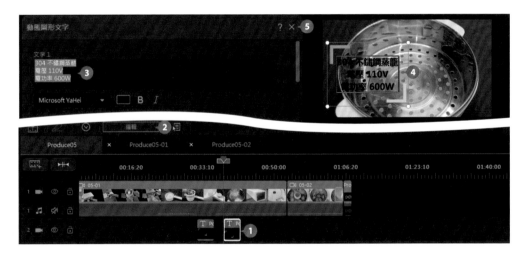

STEP 04 選取第二個文字特效狀態下，按 ⏱ 調整時間長度：「00:00:05:22」，按 **確定**。

STEP 05 依相同方式，將時間軸指標移至約「00:00:44:23」時間點，時間軸 **視訊軌2** 貼上第三個文字特效，按 **編輯** 進入快速編輯模式，修改文字內容為：「整圈加熱結構」、「底部散熱孔」，並於預覽視窗拖曳至如圖位置，按 ✕ 關閉。

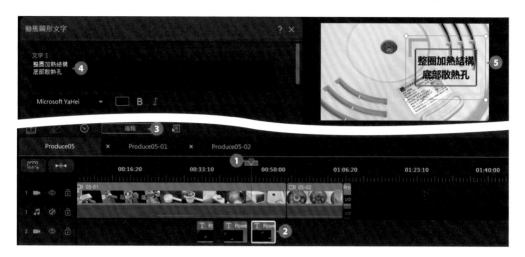

STEP 06 選取第三個文字特效狀態下，按 ⏱ 調整時間長度：「00:00:04:10」，按 **確定**。

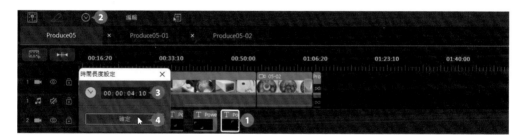

STEP 07 回到時間軸起始處，可以按 ▷ **播放**，預覽到目前為止影片的整體效果。

5-7 為主影片加入旁白與字幕

為了讓瀏覽者清楚理解影片內容,加上旁白與字幕是最好的方式。字幕與一般文字標示不太相同,需固定在影片下方,字數較多且需要依影片人物說話的內容同步呈現。

插入影片旁白

將滑鼠指標移至 **05-01** 影片素材起始處,時間軸 **視訊軌2** 按一下,於 🖼 **媒體** 面板 \ **我的媒體** 按 **05-05.wav**,按 ⬛ **在選取的軌道上插入** 插入至 **音軌2**。

新增字幕標記

威力導演可以直接匯入的字幕檔案有 *.SRT 或 *.TXT 二種,範例原始檔 <05-04.txt> 已經建立這次的字幕。字幕檔內容只要有換行,匯入時會依字幕標記顯示為下一句字幕,因此匯入前要先於 🖼 **字幕** 面板建立字幕標記,才能依時間準確建立。

 此作品一共要設計 8 句字幕,開始標記字幕時間點之前開啟已整理好的範例原始檔 <05-04.txt>,可看到該文字檔中已輸入 8 句字幕文字。將威力導演與文字檔的視窗如右圖排列,方便等一下邊聽邊標記。

先將時間軸指標移至 **05-01** 影片素材起始處 (這樣比較好掌控影片內容與開始說話的時間點)，按 📷 **字幕 \ 手動建立字幕**，按預覽視窗下方 ▶ **播放** 開始聆聽影片內容。

 於 📷 **字幕** 面板每句話開始時間點，按一下 ➕，標記字幕時間點 (標記處會出現 Ⓣ)。

 待影片播放完畢即完成所有標記，於 📷 **字幕** 面板會出現 8 項標記項目。(如果有遺漏，可從頭將影片聽過一次，將時間軸指標移至遺漏的時間點，按 ➕ 可以插入標記。)

加入背景音樂

5-8

合適的背景音樂可以完美結合視覺與聽覺效果。因為搭配旁白，所以做為襯底音樂，需降低音量以不突顯為原則，並以淡出效果結束音樂。

 將滑鼠指標移至時間軸起始處，於 🎞 媒體 面板 \ 背景音樂 任一首音訊名稱按 ▶ 可聆聽音樂，找到合適音訊後按 ⬇ 下載 (在此示範下載 Apple Cider.wav 音訊素材)。

時間軸按 視訊軌3，於 我的媒體 \ 下載項目 按已下載音訊，按 ▣━▣ 在選取的軌道上插入 至 音軌3。

STEP 02 選取 **Apple Cider.wav** 音訊素材後，按 **編輯**，在 **音訊** 面板按 **音訊長度智慧型符合**，調整時間長度 對話方塊核選 **將長度調整到專案結束**，按 **確定** 即會自動剪輯出符合專案影片時間長度的音訊。(智慧型音訊剪輯處會以 🔊 顯示)

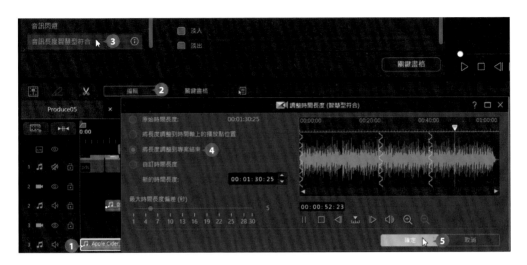

STEP 03 於時間軸 **音軌3** 選取音訊素材，按 **編輯**，於 **音訊** 面板 \ **音量/淡入淡出** 設定 **音量：-15**，核選 **淡入**、**淡出**，降低配樂音量並套用淡入淡出效果，於面板按右上角 ❌ 關閉。

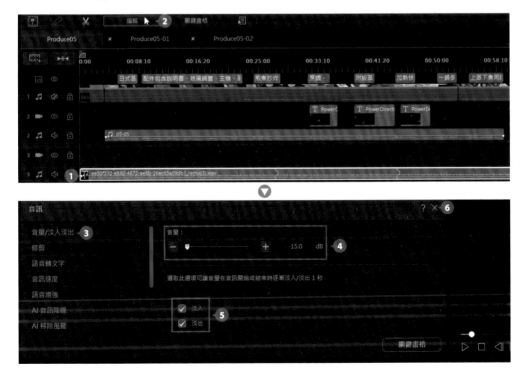

5-9 將影片上傳到 YouTube

YouTube 是目前在網路最熱門的影音分享平台，此節將說明上傳影音檔案至 YouTube 的方法，讓自製影音能輕鬆與全世界分享。

開啟完成的威力導演專案檔，由於要將影音上傳至網站，所以上傳前先確認電腦是否處於連線狀態 (建立 YouTube 帳號及啟用 YouTube 個人頻道...等設定說明可參考附錄 B)。

 於選單列按 **匯出**。

 按 **線上** 標籤 \ **選取線上網站：YouTube**，於 **設定檔類型** 選擇輸出檔案的尺寸與品質，接著輸入影片相關 **標題**、**說明**、**標籤**、**視訊類別** 資訊，影片觀看權限設定核選 **公開** 或 **私人**。

 雖然是上傳到網路平台但仍會輸出一份影片檔備存於本機，按 **匯出至：** 🔳 指定輸出檔案的儲存位置與檔名後，按 **存檔**，接著按 **開始** 跳出 **登入 YouTube** 對話方塊，按 **登入** 準備進入。

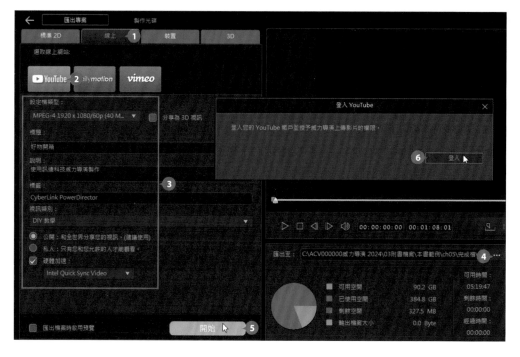

於出現的 **登入** 視窗中輸入 YouTube 平台使用的 **Google 帳戶** (電子郵件) 後按 **繼續**，接著輸入密碼，再按 **繼續**。

 選擇帳戶或品牌帳戶後，按 **允許** 同意帳號授權請求，按 **下一步** 開始上傳影片，當檔案上傳至 YouTube 影音平台後，按 **查看您在 YouTube 上的視訊** 可直接開啟瀏覽器觀看作品。

小提示

輸出檔案與上傳時間約多久？

電腦硬體會影響輸出檔案的時間，選擇較高畫質也會比選擇一般畫質所需的時間較久，而上傳到網路平台的時間會依網路速度與檔案大小來決定。

STEP 06 如果在瀏覽器中未登入 YouTube 帳號，需要先輸入帳號與密碼登入後，才會直接進入 YouTube 個人影片管理員頁面，之後只要按該影片縮圖右側 ▣ **在 YouTube 上觀看** 就能觀看上傳的影片。

 小提示

更多 YouTube 相關資訊

• YouTube 說明中心：

 https://support.google.com/youtube/#topic=7505892

• YouTube 說明中心 - 上傳相關說明：

 https://support.google.com/youtube/topic/16547?hl=zh-Hant&ref_topic=4355169

• 支援的 YouTube 檔案格式：

 https://support.google.com/youtube/troubleshooter/2888402?hl=zh-Hant

小提示

YouTube 登入後無法馬上觀看影片？

網路擁塞或是其他機制上的問題，都可能造成同步上的一些誤差，可以稍等到影片預覽圖完整出現時，再按 **播放**。

5-10 製作 YouTube 影片縮圖

YouTube 每日上傳的影片數量非常多,一個吸引人的縮圖,不但可以讓觀眾在瀏覽時掌握影片主題,更有助於提高點閱率。

擷取畫面圖片

STEP 01 威力導演中,將時間軸指標移至欲拍照的影片畫面時間點 (作品中的時間點為:「00:00:30:07」),於時間軸 **字幕軌** 中先按 **啟用/停用此軌道** (不顯示字幕),再於預覽視窗按 ◎ **拍攝視訊快照**。(拍完再恢復字幕顯示)

STEP 02 對話方塊中設定擷取的檔案名稱、類型 (*.jpg 或 *.png 均可) 及儲存位址 (此作品儲存「photo」),按 **存檔**,完成後該相片素材除了會存在指定位址,還會新增到 🎞 **媒體** 面板的媒體庫。(快照解析度依據電腦顯示器解晰度會有所不同)

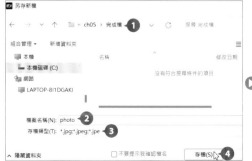

設計縮圖

YouTube 建議最佳縮圖解析度為 1280 × 720，比例 16:9，格式：jpg、gif、bmp 與 png，檔案不超過 2MB。以下利用視訊快照自製影片縮圖並匯出，之後可以上傳至 YouTube 變更影片縮圖。

STEP 01 開啟一個 16:9 新專案製作縮圖：於 媒體 面板按 我的媒體 \ 匯入 \ 匯入媒體檔案，匯入剛才拍的視訊快照，或範例完成檔資料夾中 <photo.jpg> 檔案，並於時間軸 視訊軌1 起始處插入 **photo.jpg** 相片素材。

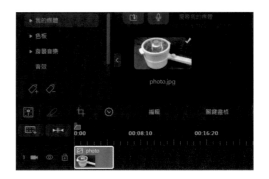

STEP 02 時間軸 視訊軌2 起始處，插入 文字 面板 \ 文字 \ 純文字 \ 預設 文字特效，按 編輯 進入快速編輯模式。於 文字 標籤修改文字為「日式蒸煮陶瓷料理鍋」，設定合適字體顏色、**粗體**、**預設風格**，外框、陰影、位置 &大小。

STEP 03 時間軸 視訊軌3、視訊軌4 起始處，插入 疊加 面板 \ 貼圖 \ 形狀 \ 形狀01、形狀17 物件，接著按 工具 \ 形狀設計師 開啟視窗，調整 形狀填充、形狀外框、陰影 和 文字 樣式。

STEP 04 最後回到時間軸起始處，於預覽視窗按 拍攝視訊快照，另存 <*.png> 圖形格式檔案，即可進入 YouTube 帳戶該影片編輯畫面，套用自訂縮圖。(YouTube 自訂影片縮圖說明，可參考附錄 B 或文淵閣工作室 "我也要當 YouTuber" 一書)

延伸練習

一、選擇題

1. (　　) "巢狀專案編輯" 透過什麼功能，將多個子專案整併至主要專案？
   A. **開啟專案**　　B. **另存專案**　　C. 插入專案　　D. 匯入

2. (　　) 在 "巢狀專案編輯" 狀態下，子專案在時間軸縮圖上會顯示？
   A. wmv　　B. wav　　C. jpg　　D. pds

3. (　　) 威力導演可以直接匯入的字幕檔案，以下哪一種不是？
   A. *.srt　　B. *.txt　　C. *.docx　　D. *.png

4. (　　) 自訂 YouTube 上的影片縮圖，以下哪一個不是建議或支援的設定？
   A. 解析度為 1280×720　　B. 比例 16:9　　C. jpg、gif...　　D. 檔案大小不限

5. (　　) 要將製作好的專案影片上傳至 YouTube 平台，可利用以下何種功能？
   A. **匯出檔案** 標籤**裝置**　　B. **匯出檔案** 標籤**線上**　　C. **匯出檔案** 標籤**標準 2D**

二、實作題

請依如下提示完成「教學影片」作品。

1. 開啟 16:9 新專案，於 **媒體** 面板**我的媒體** 匯入 **05-01.wmv** 影片素材，並插入至時間軸 **視訊軌1** 起始處。

2. 將滑鼠指標移至時間軸 **視訊軌1** 的 **05-01** 影片素材結尾處，按 **檔案\插入專案** 插入 <ex05-01.pds> 專案。

3. 在時間軸 **視訊軌1** 選取 **05-01** 影片素材，將滑鼠指標分別移至起始處與結尾處，利用拖曳方式修剪影片的開頭與結尾 (起始處的開始時間點為：「00:00:03:00」，結尾處的結束時間點為：「00:00:33:00」)。

4. 於 🔁 **轉場** 面板按 **轉場 \ 特殊 \ 彩色圓形** 轉場特效，按滑鼠左鍵不放，拖曳至時間軸 **視訊軌1** 中 **05-01** 影片素材起始處再放開。

5. 將時間軸指標移至約 「00:00:13:10」 時間點，插入 **T** **文字** 面板 \ **文字** \ **動態圖形** \ **動態圖形 007** 文字特效，再按 **編輯**，修改文字內容為：「佈景主題」、「輸入文字」、「插入圖片」、「圖案設計」。完成動態圖形文字調整後，設定時間長度：「00:00:15:00」。

6. 於 🔲 **字幕** 面板建立好所有的字幕時間標記，共 6 句，再按 ▦ \ **從 SRT/TXT 檔案匯入字幕**，選取範例原始檔 <05-03.txt>，按 **開啟** 匯入所有字幕，再調整所有字幕的時間長度、位置與文字格式。

7. 最後將製作完成的影片輸出及上傳到 YouTube 網站。

06

潮流商品行銷

短影音後製剪輯

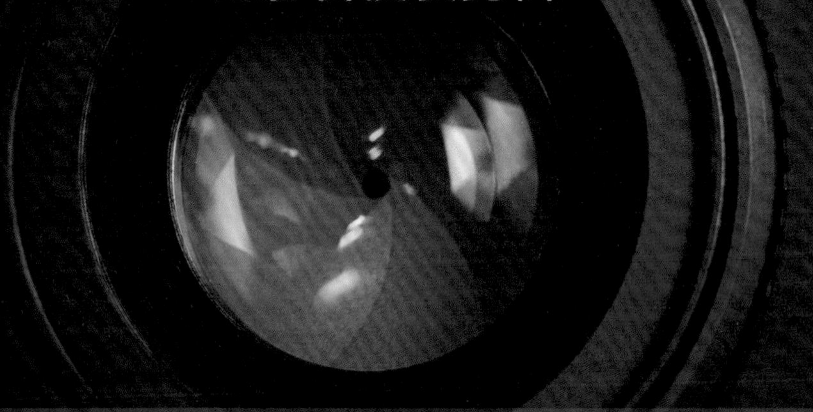

√ 影片構思
√ 社群潮流無限商機
√ 讓相片動起來
√ 運用炫粒特效製作片頭
√ 單一修剪影片素材
√ 多重修剪影片素材

√ 將視訊畫面拍成快照
√ 加入遮罩效果
√ 調整影片效果與轉場
√ 設定音訊速度與淡入淡出
√ 上傳到 IG、FB 限動與 Reels

6-1 影片構思

短影音行銷帶起的風潮跟流量你跟上了嗎？簡短影片長度是 15 - 90 秒，要行銷就不能錯過這一波！

●●●● 作品搶先看

設計重點：

透過平移和縮放與炫粒特效完成動態影片與片頭，並進行單一與多重修剪影片，片尾部分則是利用視訊快照、影片與遮罩效果搭配而成，最後再編輯合適的背景配樂並上傳至社群平台的動態消息。

參考完成檔：

<本書範例＼ch06＼完成檔＼Produce06.mp4>

●●●● 製作流程

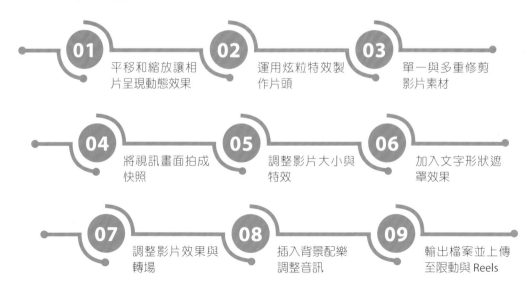

01 平移和縮放讓相片呈現動態效果

02 運用炫粒特效製作片頭

03 單一與多重修剪影片素材

04 將視訊畫面拍成快照

05 調整影片大小與特效

06 加入文字形狀遮罩效果

07 調整影片效果與轉場

08 插入背景配樂調整音訊

09 輸出檔案並上傳至限動與 Reels

社群潮流無限商機

6-2

消費者可以藉由各種不同的方式來吸收資訊，社群媒體更是佔了很大一部分，有規劃的行銷短影音可以吸引更多流量及互動。

吸引客群的貼文

電商、企業品牌、創作者、甚至政府機關，都想透過社群平台接觸客群，提升觸及率，打開更多影響力！以下列出幾點項目，幫你打破社群平台經營低氛圍：

- **內容排版、字型易閱讀**：圖片解析度不夠或沒有對焦，文字太小或是字型變化太多，都容易讓人不易了解內容而失去興趣。

- **正確的色彩搭配**：與背景色太過相近的顏色無法突顯內容，最好找同系列的對比色，或是直接套用品牌色更能引起共鳴。

- **明確貼文的目標**：清楚目標客群特色與喜好，了解社群優勢後著手進行各式行銷策略：溝通品牌理念、與粉絲互動、導購商品...等，選擇合適的方式、精準打動目標客群。

不可錯過的短影音潮流

社群平台的觀眾越來越不愛看長篇大論的文字，甚至連較長的影片都很難吸引人們從頭看到最後，愈來愈多人喜歡節奏快的短影音，消費者行為模式不斷的改變，如何在社群平台大量訊息海中，用最快、最吸睛的內容去抓住消費者目光？或是怎麼在最短時間內打中消費者需求，進而引起共鳴，但又可以傳達品牌及商品銷售訴求，這是一個不能錯過的趨勢。

短影音潮流迫使品牌需要精簡影音內容，更要思索怎麼在短短幾秒的時間裡述說出一個好的故事或是開場。

讓相片動起來

6-3

讓相片素材模擬攝影機多方移動和縮放的動態效果，可以使用 **平移和縮放** 功能，除了套用預設的效果，也可以自行手動設計想要移動的效果。

此作品要先為五張直式相片素材套用上五種不同的 **平移和縮放** 效果，讓靜態的相片素材動起來。

 開啟威力導演後，在啟動畫面設定 **顯示比例： 9:16**，再按 **新增專案** 進入編輯畫面。

 於 媒體 面板按 匯入 \ 匯入媒體資料夾 開啟對話方塊。於範例原始檔選取 <相片> 與 <影片> 資料夾，再按 **選擇資料夾**，匯入所有素材。

STEP 03 於媒體庫 **相片** 資料夾連按二下滑鼠左鍵開啟，按 Ctrl + A 鍵選取五張相片素材，拖曳至時間軸 **視訊軌1** 起始處再放開。

 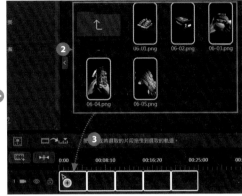

STEP 04 在時間軸全部素材選取狀態下，按 🕐 設定時間長度：「00:00:03:00」，再按 **確定**。

STEP 05 可將時間軸調整至合適顯示比例，在時間軸 **視訊軌1** 選取 **06-01** 相片素材，按 **編輯**，在 **圖片 \ 工具** 標籤按 **平移/縮放**，預設中有許多動作樣式供選擇套用，在此選取 **垂直下移** 動作樣式。

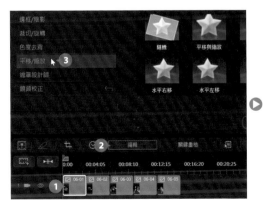 

依相同方式，分別為其他四張相片素材套用 **平移與縮放**、**左上往右下**、**旋轉和縮小(順時針)**、**平移與縮放** 四種不同的動作樣式。

06-02：**平移與縮放** 動作樣式　　　　06-05：**平移與縮放** 動作樣式

06-03：**左上往右下** 動作樣式　　　　06-04：**旋轉和縮小(順時針)** 動作樣式

 如果想調整已套用的的動作樣式，可以用 **動畫設計師** 調整。於時間軸 **視訊軌1** 選取 **06-05** 相片素材，按 **動畫設計師**。

進入 **動畫設計師** 視窗，會看到時間軸上預設在開始與結束已建立關鍵畫格，關鍵畫格可以自訂特效位置、縮放與方向...等設定。

動作路徑　　對焦區域　　　　　　　預覽畫面　　　　調整對焦區域框的位置、大小及旋轉角度

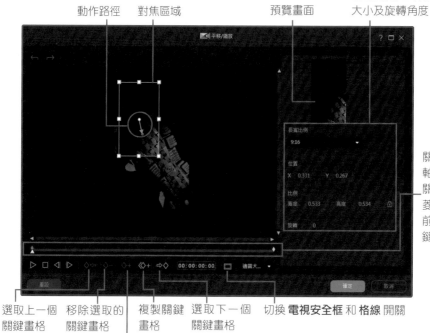

關鍵畫格時間軸，菱形符號為關鍵畫格，紅色菱形符號代表目前正在編輯的關鍵畫格。

選取上一個關鍵畫格　　移除選取的關鍵畫格　　複製關鍵畫格　　選取下一個關鍵畫格　　切換 **電視安全框** 和 **格線** 開關

在目前位置加入關鍵畫格

在此希望一開始對焦在左上角，再慢慢往右下角拉開畫面逐漸放大後，顯示整個鞋底。於關鍵畫格時間軸 **開始** 關鍵畫格按一下滑鼠左鍵選取，當菱形標記呈紅色後，按藍色動作路徑控點不放拖曳至如圖位置，將滑鼠指標移至對焦區域框四個控點上，呈 ↗ 狀，以拖曳方式將範圍調整如下圖狀態。

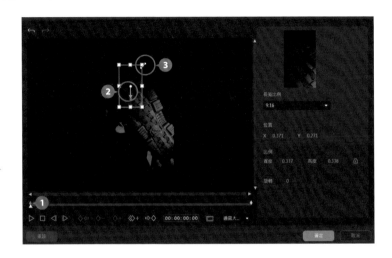

 於關鍵畫格時間軸 **結束** 關鍵畫格按一下滑鼠左鍵選取，當菱形標記呈紅色後，按藍色動作路徑控點不放拖曳至如圖位置，再將滑鼠指標移至對焦區域框四個控點上，呈 ↗ 狀，以拖曳方式拉遠畫面。

完成調整後按 ▶ **播放** 預覽，確定整個動作樣式已設定好，按 **確定** 回到威力導演編輯畫面，再於面板按右上角 ✕ **關閉**。

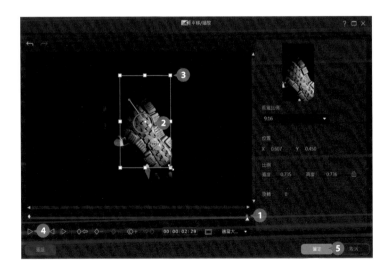

6-4 運用炫粒特效製作片頭

用 **炫粒工房** 其中一個樣式做為片頭，再套用內建的文字特效，最後透過簡單的修改，讓片頭呈現不一樣的感覺。

選擇與預覽炫粒物件

炫粒物件可以為影片或相片加入星星、火焰、閃光、泡泡...等特效，創造不一樣的風格。選取其中炫粒物件後，在右側預覽視窗可以預覽炫粒物件的效果，只要拖曳至時間軸的 **視訊軌** 即可快速套用。

按 ■ **建立新的炫粒物件**，可以自訂一個新的炫粒物件。

下載炫粒物件

除了套用內建的物件，還能透過 **DirectorZone** 網站下載。於 ■ **疊加** 面板按 **我的內容 \ 下載項目 \ 免費範本**，會開啟 **DirectorZone** 網站，找到合適的炫粒物件 (為了因應此章直式影片的編輯，可設定篩選條件為 **上傳時間：所有時間、過濾：9:16**)，可更快找到需要的物件。(此作品下載了 **!//mes PD 15/9-16/**，下載說明可以參考 P2-18)

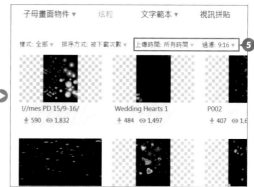

依主題加入合適的炫粒物件

回到威力導演編輯畫面，先將時間軸指標移至時間軸起始處，再於 🞊 **疊加** 面版按 **我的 內容 \ 下載項目**，選取已下載的炫粒物件，預覽炫粒物件的動態效果後，按 ▨➘⊞ 在選 取的軌道上插入 \ 插入並移動所有片段。

修改炫粒物件

因為希望炫粒物件呈現由左至右慢慢移動的效果，所以要進入 **炫粒設計師** 視窗修改。

 在時間軸 **視訊軌1** 選取已加入的 炫粒物件，再按 **工具 \ 炫粒設計 師** 開啟視窗。

炫粒設計師 視窗提供 **快速模式** 與 **進階模式** 二種切換模式，以 **進階模式** 來說，炫粒物件會顯示在編輯區中，你可以針對炫粒物件調整位置與角度，也可以於左側 **內容** 標籤設定相關的參數值、色彩...等。

新增新的炫粒物件、加入圖片、設定與刪除背景　　　　　　切換快速與進階模式

內容 標籤：
可對炫粒物
件做更細部
的調整。

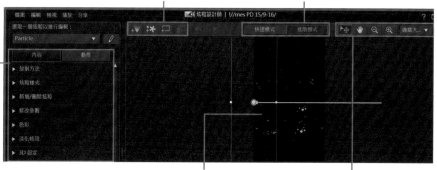

編輯區　　選取、拖曳模式、縮放工具和顯示比例

 按 **動作** 標籤，於 **路徑** 挑選合適的路徑套用，於編輯區即可看到該路徑出現調整節點，按住如圖節點，往右拖曳，調整炫粒物件的起始位置。

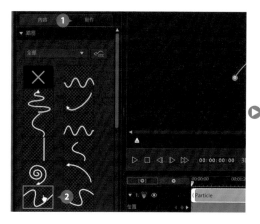

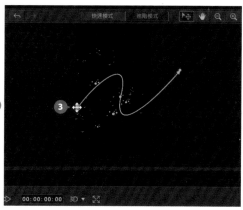

 將滑鼠指標移至橘色節點呈 ✛ 狀，按住不放拖曳，可以調整節點位置；按住綠線不放拖曳，可以調整路徑弧度，最後按 **確定**。

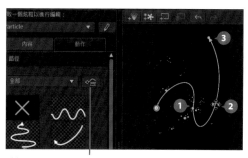

按此圖示可以將調整過的動作另存為自訂路徑

在炫粒物件選取狀態下，按 設定時間長度：「00:00:06:00」，再按 **確定**。

依主題選擇合適的片頭文字

文字在影片中是非常重要的一個部分，在此將選用預設的文字特效，再調整字型、大小、動作...等。於 **T 文字** 面板按 **文字 \ 純文字 \ 滑入** 文字特效，拖曳至時間軸 **視訊軌2** 起始處再放開。

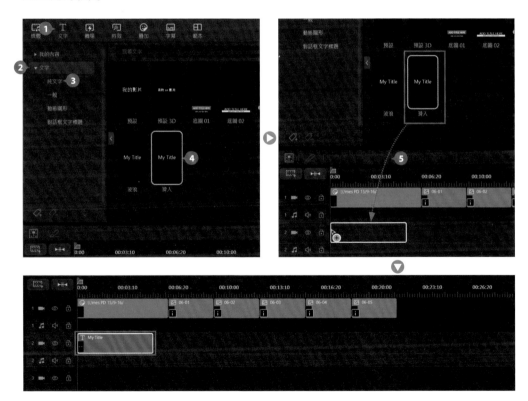

調整片頭文字內容與動作特效

加入的文字特效,需要先調整文字的內容與格式,才能更符合主題。

 首先於時間軸 **視訊軌2** 選取剛才加入的文字特效,按 ⊙ 設定時間長度:
「00:00:06:00」,按 **確定**,再按 **編輯**。

 於 **文字** 標籤設定合適的字型、字型大小、字體色彩與置中。

 接著往下捲動核選 **陰影**,於下方調整 **陰影色彩**、**距離** 及 **模糊**。

STEP 04 在編輯區選取文字框內的文字，輸入文字「WISDOM® × SHAKA WISH NEO 聯乘鞋款正式登場」(按 Enter 鍵可換行)，接著將滑鼠指標移至文字框上呈 ✥ 狀，按滑鼠左鍵不放，將片頭文字拖曳至合適位置擺放。

STEP 05 最後調整文字結束特效，於 **動畫** 標籤 \ **退場** 按 **向上單飛**，調整 **長度** 設定動畫時間，再於面板按右上角 ⊗ 關閉。

 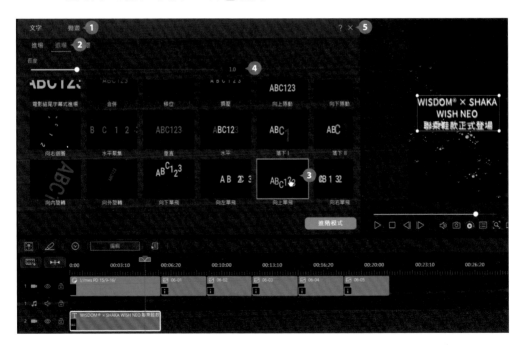

6-5 單一修剪影片素材

影片修剪可以有效控制影片開始與結束播放時間點,或者總片長時間,在此要透過起始與結束標記修剪,縮短影片素材長度。

 於 🎬 **媒體** 面板 **影片** 資料夾連按二下滑鼠左鍵開啟。

 於媒體庫按 Ctrl 鍵不放選取 **01.mp4**、**02.mp4** 二個影片素材,按滑鼠左鍵不放,拖曳至時間軸 **視訊軌1** 的 **06-05** 相片素材後方放開。(如果出現 **時間軸畫格衝突** 警告對話方塊請按 **確定**)

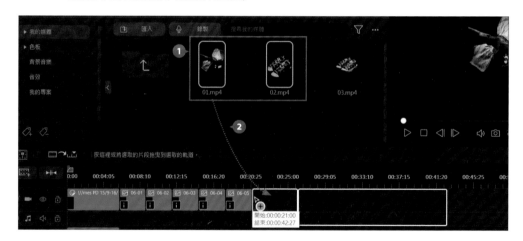

 於時間軸 **視訊軌1** 選取 **01** 影片素材,按 ✂ 開啟 **修剪** 視窗。

STEP **04** 按 **單一修剪** 標籤,拖曳即時預覽滑桿至合適的起始點 (作品中的時間點為:「00:00:01:00」),再按 **起始標記**,此處就為影片新的起始點。(可透過預覽區域瀏覽播放點的影片內容)

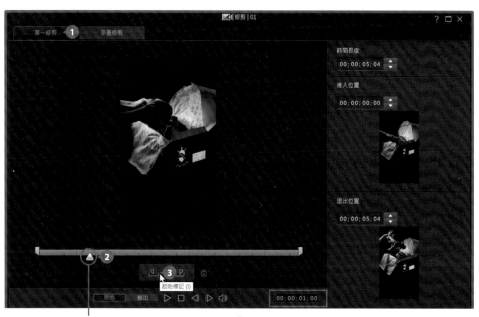

即時預覽滑桿

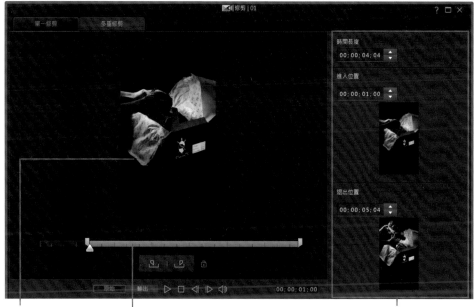

預覽區域　　　　藍色的部分即為修剪後　　　　　　　起始標記位置與結束
　　　　　　　　保留的範圍　　　　　　　　　　　　標記位置預覽畫面

接著拖曳即時預覽滑桿至合適結束點 (作品中的時間點為：「00:00:04:00」)，按 ■ **結束標記**，此處就為影片新的結束點，經過修剪後，可以在 **輸出** 模式下按 ▶ **播放** 瀏覽藍色範圍內的保留片段，確認後按 **修剪** 即可。

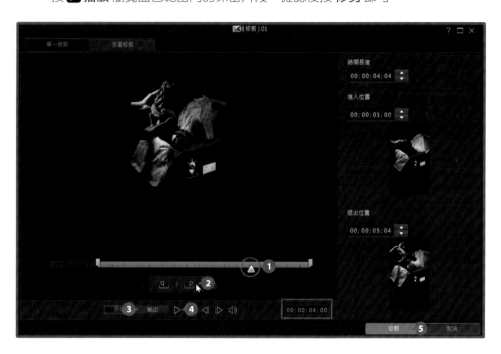

小提示

在時間軸上修剪影片素材

- 若想要更快速修剪影片素材，可以直接在時間軸上修剪影片素材播放內容，修剪的素材並不是真的將剪掉的素材刪除，而是透過修剪控點定義該素材的可播放範圍與時間長度。於時間軸選取要修剪的影片素材，將滑鼠指標移至影片素材結尾處，呈 🖰 狀，按滑鼠左鍵不放往左往右拖曳，修剪素材。

- 如果修剪的是相片素材時，此修剪動作將會延長或縮短相片播放的時間長度。

多重修剪影片素材

6-6

多重修剪 功能可以將一個影片素材依指定片段分成多個片段，在修剪前，建議先按 **播放** 瀏覽此影片素材內容，同時構思要修剪的區段。

 在此要將 **02** 影片素材，利用 **多重修剪** 功能切割成二個影片片段。於時間軸 **視訊軌1** 選取 **02** 影片素材，按 ✂ 開啟 **修剪** 視窗。

 首先要設定第一個片段起始點，按 **多重修剪** 標籤，拖曳即時預覽滑桿至合適的起始位置 (作品中的時間點為：「00:00:01:03」)，再按 🔲 **起始標記**，做為第一個片段的起始點。

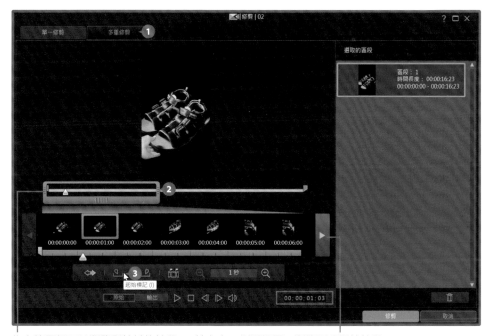

拖曳範圍框可以瀏覽影片其他片段　　按左右二側這個圖示瀏覽更多影片片段

03 再來要設定第一個片段結束點，拖曳即時預覽滑桿至合適的結束位置 (作品中的時間點為：「00:00:07:03」)，按  **結束標記**，做為第一個片段的結束點。完成第一個片段的設定後，在視窗 **選取的區段** 清單中，會自動產生該片段的縮圖、時間長度以及修剪保留的時間點。

 04 接著再修剪出另一個影片片段，只要重複上述步驟的操作，就可以完成二個片段的標示。

第二片段的時間點為：
00:00:09:00 至 00:00:15:00

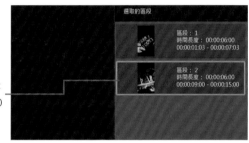

 05 完成影片的修剪後，可針對修剪的片段預覽，按 **輸出**，再按  可瀏覽目前影片保留下來的片段內容，確認後按 **修剪** 回到編輯畫面，就可以看到原本一個影片素材變成二個。

小提示

利用 "偵測場景" 與 "分割" 二種方式修剪影片

- **偵測場景** 功能會根據影片片段內含的各個場景，或者是事先編輯的場景，自動偵測並建立個別的片段，有利於劇情腳本的安排或剪輯。

  選取要偵測場景的影片素材，開啟 **修剪** 視窗於 **多重修剪** 標籤按 🎬 **偵測場景** 開啟對話方塊，核選 **是，請分割場景**，按 **確定**，於右側 **選取的區段** 清單中，會看到依場景分割出來的影片片段。

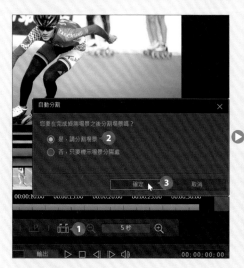

- **分割選取的片段** 可以快速將影片素材一分為二，讓影片素材分別套用不同效果。於編輯畫面將時間軸指標移至影片希望分割的位置，按 ✂ **分割選取的片段** 素材就會於目前時間點一分為二。

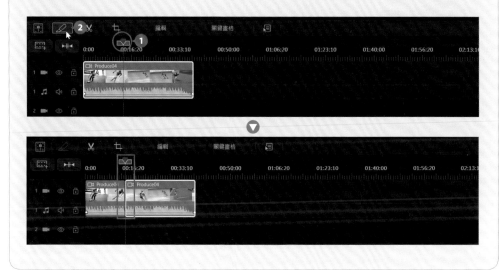

將視訊畫面拍成快照

6-7

透過 **拍攝視訊快照** 功能,將預覽視窗看到的影片畫面,擷取並儲存為靜態的相片檔,然後設計在影片素材後方做為背景。

影片片尾設計的第一步,預計要播放 **03** 影片素材並擷取指定的畫面加以設計。

拍攝視訊快照

STEP 01 於 ▦ **媒體** 面板 **影片** 資料夾連按二下滑鼠左鍵開啟,拖曳即時預覽滑桿到最右側 (時間點為:「00:00:36:00」)。

STEP 02 選取 **03.mp4** 影片素材,按滑鼠左鍵不放,拖曳至時間軸 **視訊軌2** 的時間軸指標處放開,按 ▣ **拍攝視訊快照** 在開啟的對話方塊中輸入擷取的檔案名稱 (此作品輸入「photo」),按 **存檔**,完成後會將該相片素材新增到媒體庫。

STEP **03** 選取 **photo.jpg** 相片素材，按滑鼠左鍵不放，拖曳至 **視訊軌1** 最後 **02** 影片素材後方，接著將滑鼠指標移至相片素材後方呈 状，按滑鼠左鍵不放往右拖曳，拉長至對齊下方 **視訊軌2** 的 **03** 影片素材結尾處。

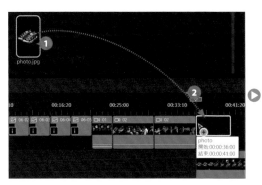

調整相片色彩

此作品希望以單色相片呈現剛剛擷取的畫面，所以要提高對比與亮度。

先停用 **視訊軌2** 就可以看到相片編輯效果，再選取 **視訊軌1** 的 **photo** 相片素材，按 **編輯**，在 **圖片 \ 顏色** 標籤按 **調整顏色**，設定 **對比：70**、**亮度：20**，最後於面板右上角按 ✕ **關閉** 完成設計。

為相片套用復古特效

STEP 01 於 🎬 **特效** 面板按 **風格特效 \ 樣式 \ 復古** 特效素材，按滑鼠左鍵不放拖曳至時間軸 **視訊軌1** 的 **photo** 相片素材上套用。

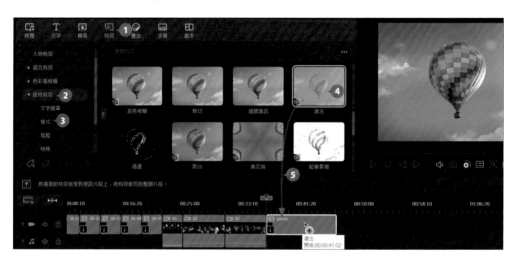

STEP 02 將滑鼠指標移到預覽畫面 photo 相片素材四個角落呈 ↗ 狀時可調整至大小，呈 ✥ 狀可移動位置，調整成後再啟用 **視訊軌2** 顯示原影片畫面。

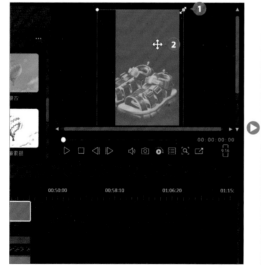

加入遮罩效果

6-8

影片片尾設計第二步,加入遮罩效果。**遮罩設計師** 除了可以透過內建遮罩物件或匯入影像作為遮罩,在威力導演中,也可以將文字設計成遮罩。

建立圖片遮罩物件

 選取時間軸 **視訊軌2** 的 **03** 影片素材,按 **編輯**,在 **視訊 \ 工具** 標籤按 **遮罩設計師** 開啟視窗。

在 **遮罩** 標籤中內建許多遮罩物件,遮罩物件可以讓影片只顯示想要的部分。不僅可以透過遮罩四周的控點調整大小,還可以於時間軸設定遮罩的關鍵畫格,為遮罩物件設定合適的 **位置**、**比例**、**不透明度** 與 **旋轉**...等屬性。

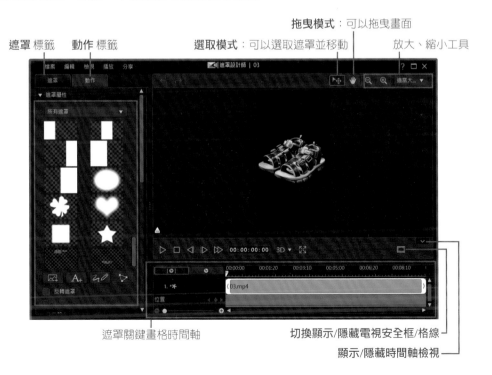

拖曳模式:可以拖曳畫面
遮罩 標籤　　**動作** 標籤　　　　**選取模式**:可以選取遮罩並移動　　　放大、縮小工具

遮罩關鍵畫格時間軸　　　　　　　　切換顯示/隱藏電視安全框/格線
顯示/隱藏時間軸檢視

STEP 02 在 **遮罩** 標籤 \ **遮罩屬性** 中按如圖遮罩物件,接著用中央控點放大遮罩物件,綠色控點可以旋轉遮罩物件 (時間軸指標需在時間軸起始處),再拖曳至合適位置後按 **確定**。最後於面板右上角按 ✕ **關閉** 完成設計。

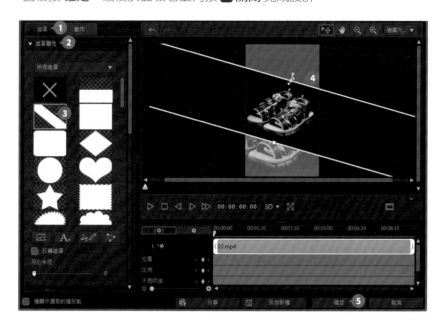

建立文字遮罩物件

 STEP 01 將時間軸指標移至 **視訊軌2** 的 **03** 影片素材起始處,再於時間軸按 **視訊軌3**,於 媒體 面板按 **影片** 資料夾 \ **03.mp4** 影片素材,按 在選取的軌道上插入。

STEP 02 選取時間軸 **視訊軌3** 的 **03** 影片素材，按 **編輯**，在 **視訊 \ 工具** 標籤按 **遮罩設計師** 開啟視窗。

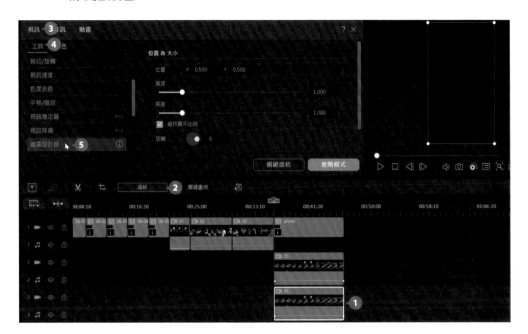

STEP 03 此處想要以文字做為影片的遮罩，先按 ![A+] 使用文字和影像來建立自訂遮罩。

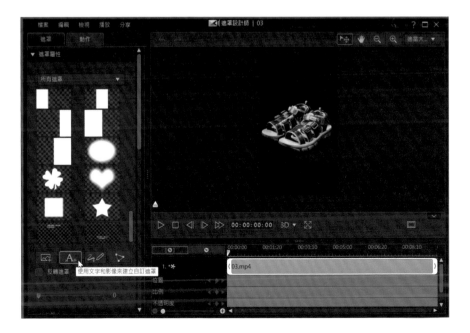

在 **遮罩合成工具** 視窗中，於 **選取的物件** 欄位中輸入文字，然後在編輯區按一下文字框選取，於 **物件** 標籤 \ **字型/段落** 設定喜愛的字型、字型大小、置中對齊後，在編輯區將滑鼠指標移至文字框上呈 ✛ 狀，按滑鼠左鍵不放將文字拖曳到合適位置擺放，最後按 **確定**。

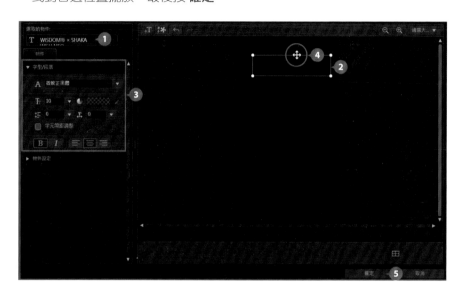

 回到 **遮罩設計師** 視窗，按 ⬚ **選取模式**，移動文字遮罩物件至合適的位置擺放，然後按 **確定**。

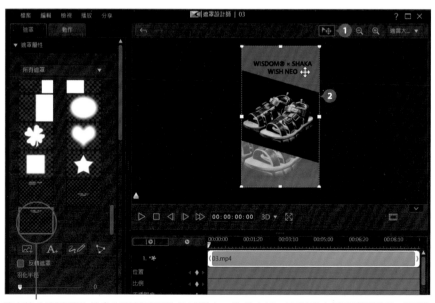

建立的文字遮罩物件會出現於遮罩物件清單中，物件上按一下滑鼠右鍵可選擇修改或移除。

最後按 ▷ **播放** 預覽遮罩效果。(如果覺得畫面太小被侷限,可按 🔳 **取消固定 預覽視窗**,將預覽視窗改為浮動並最大化,可清楚瀏覽編輯效果。)

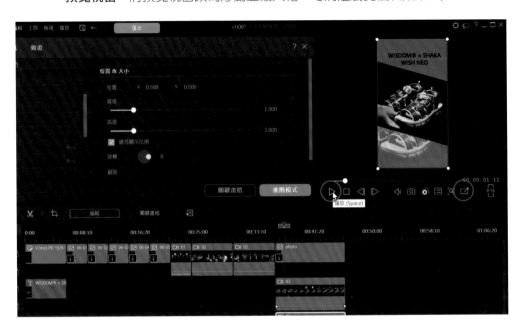

小提示

時間軸軌道新增方式

預設開新專案都會有 **視訊軌1** (含 **音軌1**) ~ **視訊軌3** (含 **音軌3**),將視訊素材拖曳至時間軸 **音軌3** 下方,會自動產生 **視訊軌4**,將音訊素材拖曳至時間軸 **音軌3** 下方後會產生 **音軌4**。也可按 🔲 **新增其他視訊軌/音軌至時間軸** 新增視訊軌、音軌或特效軌。

6-9 調整影片效果與轉場

影片片尾設計的第三步,要為影片素材套用陰影效果,另外還要為影片間加上轉場。

套用陰影效果

為影片素材套用陰影,讓片尾文字遮罩更立體。

 於時間軸 **視訊軌3** 中選取 **03** 影片素材,按 **編輯**。

 於 **視訊 \ 工具** 標籤,按 **邊框/陰影** 核選 **陰影**,設定合適的 **顏色、距離、模糊**,在預覽畫面中可立即看到套用效果,完成後於面板右上角按 ❌ 關閉。

套用淡化轉場特效

為了讓影片跟影片之間的銜接處能夠更為自然,最後利用 **交錯轉場特效** 讓所有的媒體素材間,均產生淡化效果。

STEP 01 選取時間軸 **視訊軌1**,於 轉場 面板 \ 轉場 \ 一般,按 淡化 轉場特效,再按 \ **交錯轉場特效**,就可以為 **視訊軌1** 的所有素材快速加入轉場特效。

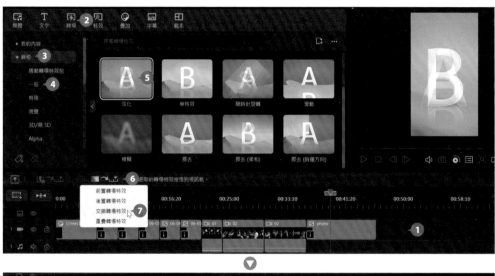

STEP 02 最後微調一下,如下圖的紅色圈選處,選取素材間的淡化轉場特效,直接按 Del 鍵刪除,讓影片呈現的效果更加自然。

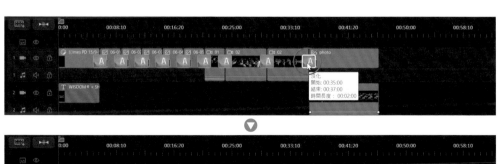

設定音訊速度與淡入淡出

6-10

在威力導演中，可以做一些基本的音訊修剪、調整音量大小、淡入淡出、等化器...等功能，完成大部分的音訊編輯。

插入背景配樂

完成影片的製作後，配上一首好聽的背景配樂，可以讓影片更加分。

STEP 01 於 📷 **媒體** 面板 \ **背景音樂** 中任一首音訊名稱按 ▶ 可聆聽音樂，找到合適音訊後按 ⬇ 下載 (在此示範下載 **Monday.wav** 音訊素材)。

STEP 02 於要插入的音訊素材按滑鼠左鍵不放，拖曳至時間軸 **視訊軌3** 的下方，就會自動產生 **音軌4**。

加快音訊速度

如果影片需要較快節奏的背景音樂，或者音訊長度只差一點點就能符合影片長度，可以在加入音樂之後，加快音訊速度。

STEP 01 於時間軸 **音軌4** 中選取 **Monday** 音訊素材，按 **編輯**，在 **音訊** 按 **音訊速度**，設定 **加速器**：「1.10」，再按 **確定**。

STEP 02 最後將滑鼠指標移至音訊素材結尾處呈 狀時，按滑鼠左鍵不放往左拖曳，縮短並對齊 **03** 影片素材結尾處。

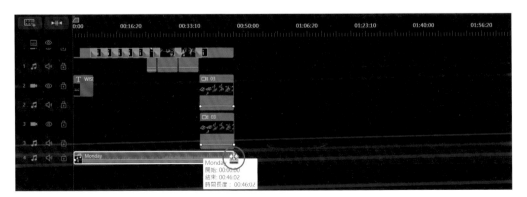

設定音訊淡入、淡出的效果

為音訊素材適時的設計淡入或淡出效果，可讓該配樂在影片中出現時不至於太過突兀。

於時間軸 **音軌4** 中選取 **Monday** 音訊素材，按 **編輯**，在 **音訊** 按 **音量/淡入淡出**，核選 **淡入** 及 **淡出**，即完成音訊設定。

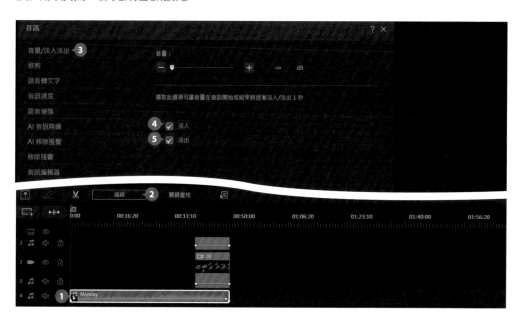

設定影片靜音

將各視訊軌中的影片設定為靜音，以避免影片中的環境音對配樂造成干擾。於時間軸 **音軌1** 按 🔊 **啟用/停用此軌道** 呈 🔇，讓影片素材呈現靜音狀態，依相同操作方式將 **音軌2**、**音軌3** 設定為停用，這樣就完成影片靜音設定。

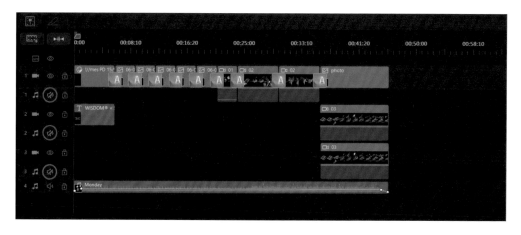

上傳到 IG、FB 限動與 Reels

6-11

完成直式影片的製作後,在此要示範輸出成 IG、FB 支援的影片格式檔案,並利用手機上傳至社群平台限時動態分享。

輸出成手機用的影片格式

目前市面上的手機大致分 iOS 與 Android 二大系統,可以根據設備選擇輸出影片的格式。

STEP 01 按 **匯出 \ 裝置** 標籤,於 **選取檔案格式** 按合適的項目,在此按 **Apple**,再按一下 **設定檔名稱/品質** 清單鈕選擇合適的影片大小。

STEP 02 可以根據硬體或需求去設定輸出技術或環繞音效...等,再按 [...] 開啟對話方塊,指定輸出檔案的儲存位置與檔名,按 **存檔**、**開始** 開始輸出影片。

將影片檔儲存至手機並上傳至 IG 限時動態

於手機將影片上傳至 IG 或 FB 平台的方式相似,在此示範上傳 IG 限時動態。

 利用 USB 線連接手機與電腦,再將檔案複製到手機;或是你也可以利用電腦將檔案上傳到雲端硬碟的方式,之後再從手機下載回來儲存。

 打開手機並點選 Instagram 開啟,於主畫面右上角點選 ⊕ \ 限時動態。

 在清單中選擇要上傳的影片後,確認影片是否需要裁切,接著點選右上角**完成**。

STEP 04 於畫面上方可以點選套用音樂、特效、貼圖、文字、繪圖...等,接著點選畫面下方 **限時動態** 開始上傳。

STEP 05 上傳完成後會看到自己的大頭貼出現彩色圓框,代表已有更新的內容,24 小時後即自動消失,點選後就可以觀看。如果想把影片分享到 Reels,可以點選下方 **建立 \ 連續短片** 再依照步驟建立即可上傳到 Reels。

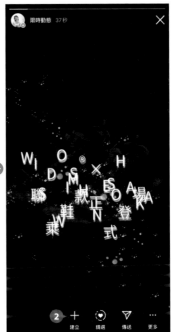

延 伸 練 習

一、選擇題

1. (　　) 利用哪一個工具讓相片素材模擬出攝影機多方移動和縮放的動態效果？
   A. 混合特效　B. 平移和縮放　C. 視角設計師　D. 威力工具

2. (　　) 炫粒物件可以透過哪一個功能開啟 炫粒設計師 視窗進行修改？
   A. 設計師　B. 威力工具　C. 工具　D. 修補/加強

3. (　　) 遮罩設計師 視窗中，可以透過哪一個功能新增文字遮罩？
   A.  B. C. D.

4. (　　) 透過哪一個功能，可以將預覽視窗看到的影片畫面擷取並儲存為靜態相片
   檔？　A. B. C. D.

5. (　　) 如果要加快音訊速度，可利用以下哪一個功能？
   A. 音訊倒播　B. 音訊速度　C. 音訊編輯器　D. 混合特效

二、實作題

請依如下提示完成「Love・Germany」作品。

1. 開啟 9:16 直式影片新專案，匯入延伸練習原始檔 <06-01.jpg> ~ <06-05.jpg> 相片素材，並拖曳到時間軸 視訊軌1 起始處。

2. 利用 平移和縮放 功能分別為五張相片素材加入 平移與縮放、旋轉和縮小(順時針)、垂直上移、縮小、左下往右上 動作樣式。

3. 在時間軸 視訊軌1 起始處加入內建 一般 \ 楓葉 炫粒物件，設定時間長度：「00:00:06:00」。

4. 視訊軌2 起始處插入內建 一般 \ 雷達偵測 文字特效，設定時間長度：「00:00:06:00」，接著進入 編輯 面版，開啟 進階編輯 視窗，刪除不需要的物件，並輸入「Love・Germany」，調整文字樣式及位置。

5. 於 **動畫** 標籤＼**退場** 套用 **彈出I** 特效。

6. 修剪影片：匯入延伸練習原始檔 <01.mp4>~<02.mp4> 影片素材，並拖曳到時間軸 **視訊軌1** 的 **06-05** 相片素材後方。選取 **02** 影片素材，以 **單一修剪** 方式修剪掉影片時間點「00:00:00:00」～「00:00:00:11」的部分。

7. 拍視訊快照：於媒體庫匯入並選取 **03.mp4** 影片素材，於預覽視窗下方拖曳指標到「00:00:08:29」時間點，拍攝視訊快照儲存為「photo」，並拖曳至 **視訊軌1** 的 **02** 影片素材後方，套用 **特效** 面板＼**風格特效**＼**樣式**＼**模糊** 特效素材。

8. 拖曳 **03.mp4** 至時間軸 **視訊軌2** 對齊 **02** 影片素材後方，接著於時間軸 **視訊軌1** 拉長 **photo** 相片素材至對齊下方 **視訊軌2** 的 **03** 影片素材結尾處。

9. 選取 **03** 影片素材，拖曳調整至如右下圖大小及位置，接著透過 **編輯** 面版調整合適的 **陰影** 效果。

10. 於 **視訊軌3** 再次插入 **03.mp4** 影片素材，並對齊 **視訊軌2** 的 **03** 影片素材起始處，然後利用 **遮罩設計師** 建立「教堂之美」文字遮罩物件。

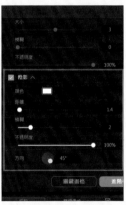

11. 為所有媒體素材間均套用 ＼**交錯轉場特效**，產生淡化效果。

12. 匯入延伸練習原始檔 <music01.wma> 音訊素材並拖曳至 **音軌4** 起始處，設定 **音訊速度**＼**加速器**：「1.10」，利用拖曳方式修剪音訊，接著再利用 **編輯** 面板設定音訊開始淡入及結束淡出效果。

13. 最後停用 **音軌1**、**音軌2** 及 **音軌3**，讓影片以靜音方式表現，別忘了儲存作品。

07

手作創意幸福料理

文字與視訊特效運用

√ 影片構思

√ 將 16:9 影片調整為 1:1 比例

√ 改善與加強影片品質

√ 設計片頭片尾增添文字特效

√ 設計清單文字

√ 設計影片說明文字

√ 利用特效豐富影片效果

7-1 影片構思

以製作披薩做為影片主軸，將食譜作法全程拍攝下來，再根據重點步驟分成多個影片片段，透過威力導演進行文字、特效與配樂佈置。

●●●● 作品搶先看

設計重點：

從視訊素材加入、靜音設定到加強影片品質開始，透過預設與自行建立的文字特效進行操作，再運用特效與配樂加強影片表現。

參考完成檔：

<本書範例\ch07\完成檔\produce07.mp4>

●●●● 製作流程

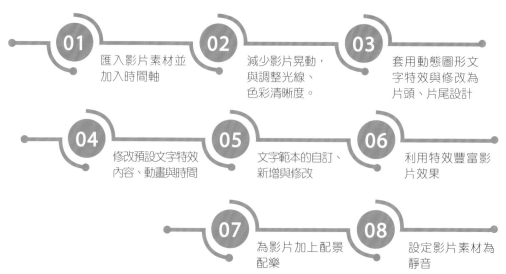

01 匯入影片素材並加入時間軸

02 減少影片晃動，與調整光線、色彩清晰度。

03 套用動態圖形文字特效與修改為片頭、片尾設計

04 修改預設文字特效內容、動畫與時間

05 文字範本的自訂、新增與修改

06 利用特效豐富影片效果

07 為影片加上配景配樂

08 設定影片素材為靜音

7-2 | 將 16:9 影片調整為 1:1 比例

威力導演支援 Facebook 和 Instagram...等社群平台流行的 1:1 比例影片編輯模式，匯入影片後以完美比例創作你的 1:1 影片！

匯入影片素材

開啟威力導演 1:1 新專案後，先將範例會用到的影片素材匯入 媒體 面板中。

STEP 01 在啟動畫面設定 **顯示比例：1:1**，按 **新增專案**。

STEP 02 於 媒體 面板按 **我的媒體 \ 匯入 \ 匯入媒體檔案** 開啟對話方塊，利用 `Ctrl` 鍵分別選取範例原始檔 <影片> 資料夾中 <07-01.wmv>～<07-04.wmv> 四個檔案，按 **開啟** 匯入媒體庫。

將影片素材加入時間軸

 利用 Ctrl 鍵選取  媒體 面板中 **07-01.wmv ～ 07-04.wmv** 四段影片素材後，按滑鼠左鍵不放拖曳至時間軸 **視訊軌1** 起始處擺放，接著於出現的對話方塊按 **否**，維持專案的顯示比例為 1:1。

STEP 02 將時間軸指標移至 **視訊軌1** 的 **07-01** 影片素材上方，分別將滑鼠指標移至預覽視窗中影片素材的左下角與右上角控點上呈 ✎ 狀時，按滑鼠左鍵不放拖曳至覆蓋目前影片畫面 (黑色區塊)，再將滑鼠指標移至影片素材上呈 ✥ 狀時，按滑鼠左鍵不放拖曳至合適位置，填滿整個畫面並呈現重要部分。

STEP 03 依相同方法調整 **07-02**、**07-03**、**07-04** 影片素材。

改善與加強影片品質

7-3

採用的素材如果在天氣不理想或室內光線不佳狀況下錄製，可以透過調整光線、色彩、白平衡或視訊穩定器…等動作，修正素材品質以優化播放效果。

運用視訊穩定器改善影片晃動

拍攝時難免會因手的震動或環境影響，導致拍攝的影片有晃動現象，這時可以利用 **視訊穩定器** 功能修復。

 於時間軸 **視訊軌1** 選取 **07-02** 影片素材，按 **編輯**。

 在 **視訊 \ 工具** 標籤按 **視訊穩定器**，核選 **套用視訊穩定器以修正受手震影響的視訊**，設定 **校正程度** (如果想要比對前後差異，可核選 **在分割預覽視窗中比較結果**。)，最後於面板按右上角 ✕ 關閉。

調整前　　　　　　調整後

調整光線

這段影片因為採光不佳導致影片較暗,以下調整影片亮度。於時間軸 **視訊軌1** 選取 **07-02** 影片素材,按 **編輯**,在 **視訊 \ 顏色** 標籤按 **調整光線**,拖曳滑桿設定 **光線:**「80」。(或按 **➕ 較多**、**➖ 較少**,也可以直接輸入數值再按 Enter 鍵完成設定。)

可以於此處直接輸入

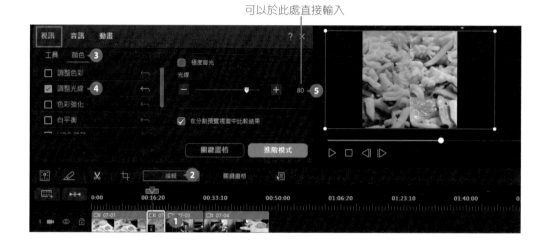

影片色彩強化

由於拍攝燈光較暗,影片亮度與彩度較不足,以下改善影片色彩清晰度。於時間軸選取 **07-02** 影片素材,在 **視訊 \ 顏色** 標籤按 **色彩強化**,拖曳滑桿設定 **色彩加強程度:**「55」,最後於面板按右上角 ✕ **關閉** 完成設定。

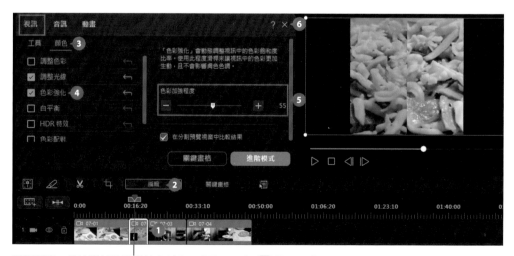

調整過後,於時間軸該段影片素材上,會顯示一個 ⓘ 圖示,當滑鼠指標移至影片素材上方時,會出現修補或加強的項目。

設計片頭片尾增添文字特效

7-4

動態圖形 文字可以為影片快速加上文字與圖形動態特效，內建多種樣式，滿足各種不同風格的影片需求。

選擇及預覽文字特效

在 Ⓣ **文字** 面板中，提供多種預設的文字特效，不但可以藉由內建的 **純文字**、**動態圖形**、**對話框文字標題** 選擇外，**我的內容** 裡還有 **我的最愛**、**下載項目** 及 **自訂**；選取後可以透過右側的預覽視窗，先觀看該文字特效的動態效果，使用者只要拖曳至時間軸的 **視訊軌** 即可快速增添至影片中。(不同顯示比例支援的文字特效不盡相同)

插入片頭圖片與變更時間長度

於 🎞️ **媒體** 面板按 **我的媒體 \ 🖫 匯入 \ 匯入媒體檔案** 開啟對話方塊，選取範例原始檔 <相片> 資料夾中 <07-01.jpg> 檔案，按 **開啟** 匯入媒體庫。

STEP 02 於時間軸 **視訊軌1** 選取 **07-01** 影片素材，將時間軸指標移至起始處。於 🖼 媒體 面板按 <07-01.jpg>，按 ▭▭ **在選取的軌道上插入 \ 插入並移動所有片段**，插入後再依 P7-4 說明調整相片素材至合適大小與位置。

STEP 03 於時間軸 **視訊軌1** 選取 **07-01** 相片素材狀態下，按 ◎ 設定時間長度：「00:00:04:00」，再按 **確定**。

小提示

物件插入或覆寫的方法

- **覆寫**：用新增片段覆蓋現有選取片段。
- **插入**：新增的片段插入兩個片段之間，只將同一軌上的片段向右移動。
- **插入並移動所有片段**：新增的片段插入兩個片段之間，會將插入片段右側的所有媒體片段向右移動。
- **交叉淡化**：將選取片段重疊在現有片段某部分之上，會自動在兩個片段之間加入轉場效果。

插入並修改片頭動態圖形文字

選擇合適的動態圖形文字，修改文字並於合適的時間點加入。

 於時間軸按 **視訊軌2**，將時間軸指標移至起始處，然後於 **T** 文字 面板按 **文字＼動態圖形＼動態圖形 011**，按 在選取的軌道上插入。

 如果想調整動態圖形文字的文字或格式，可以於時間軸 **視訊軌2** 選取 **動態圖形 011**，按 **編輯**。

 選取 **文字1** 的 **PowerDirector**，修改為「健康」，**文字2** 與 **文字3** 的 **The best way to make videos**，修改為「PIZZA DIY」，再設定合適 **字型**、**字體色彩** 及 **粗體**。

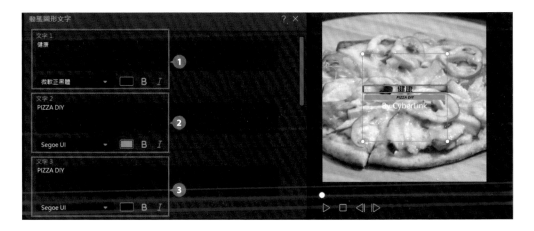

選取 **文字4** 的 **By CyberLink**，修改為「美味」，設定合適 **字型**、**字體色彩** 及 **粗體**。

 將面板往下捲動，於 **位置 & 大小** 確定核選 **維持顯示比例**，設定 **寬度** 或 **高度** 即會以等比例調整，放大片頭動態圖形文字整體比例，最後於面板按右上角 ☒ **關閉** 完成設定。

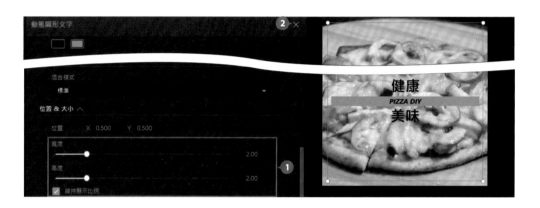

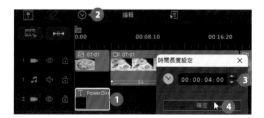 回到主畫面，於時間軸 **視訊軌2** 選取文字特效，按 ⊙ 設定時間 長度：「00:00:04:00」，再按 **確 定**，完成片頭文字設計。

小提示

下載更多文字素材

文字 面板的文字特效可以於 **我的內容 \ 下載項目** 中按 **免費範本**，進入 DirectorZone 網站下載更多不同的文字特效，但不同比例的影片有不同的文字特效，無法交互使 用，所以下載時也要特別注意該文字特效的顯示比例。

插入並修改片尾動態圖形文字

同樣應用動態圖形文字特效設計片尾文字。

 於 **T** **文字** 面板按 **文字 \ 動態圖形 \ 動態圖形 012**，按滑鼠左鍵不放拖曳至時間軸 **視訊軌1** 中 **07-04** 影片素材最後方。

 於時間軸 **視訊軌1** 選取 **動態圖形 012**，按 **編輯**。

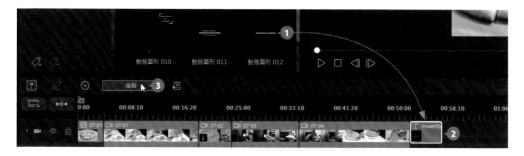

 選取 **文字1**、**文字2**、**文字3** 的 **PowerDirector by CyberLink**，修改為「THANK YOU」，設定合適 **字型**、**字體色彩** 及 **粗體**；於 **位置 & 大小** 確定核選 **維持顯示比例**，設定 **寬度** 或 **高度** 即會以等比例調整，放大片尾動態圖形文字整體比例，最後於面板按右上角 ✕ **關閉** 完成設定。

回到主畫面，於時間軸 **視訊軌1** 選取文字特效，按 ⊙ 設定時間長度：「00:00:04:00」，再按 **確定**，完成片尾文字設計。

設計清單文字

7-5

部份文字特效除了可以修改格式與內容,也可以根據影片實際狀況調整播放時間與動畫效果。

開始製作美食前,必須將相關食材準備好,以下利用文字特效整理食材清單,並放置在片頭文字結束後。

調整文字特效動畫效果

STEP 01 於時間軸 **視訊軌1** 選取 **07-01.jpg** 相片素材,並將滑鼠指標移至結尾處呈 狀,按一下 (讓時間軸指標移至此時間點),接著於 **T 文字** 面板按 **文字 \ 純文字 \ 預設** 文字特效,再按 在選取的軌道上插入 \ **插入並移動所有片段**。

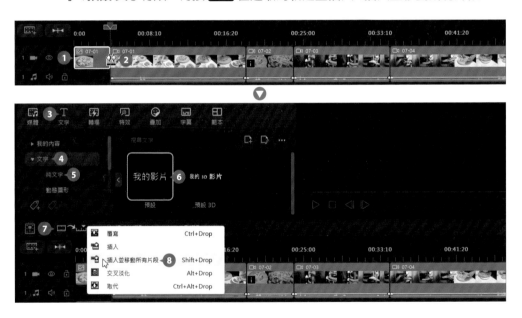

STEP 02 於時間軸 **視訊軌1** 按剛才插入的文字特效,按 **編輯**。

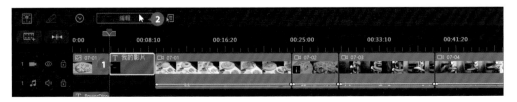

透過 **文字** 標籤可以修改字型、大小、顏色、粗斜體、對齊方式、預設風格、特殊效果、字體、外框、陰影、混合、位置、大小...等樣式：

動畫 標籤則提供 **進場**、**對場** 和 **循環** 動畫特效：

STEP 03 修改文字為「食材清單」，設定合適字型、字型大小、**粗體** 和 **預設風格**，接著將滑鼠指標移至文字物件邊框上呈 ✥ 狀，按滑鼠左鍵不放拖曳到適當位置擺放，然後按 **進階模式**。

進階編輯 視窗可針對文字提供更完整的設定內容，包含 **物件**、**動畫** 與 **動作** 三種項目：

物件 標籤：提供文字內容設定，如：**字元預設組**、**字型/段落**、**字體**、**外框**...等。　　插入文字 / 炫粒 / 圖片 / 背景　　文字物件　　選取/拖曳模式　　縮小 / 放大顯示比例

文字關鍵畫格時間軸　　　　將目前文字設計上傳至 DirectorZone 與訊連雲　　排列物件　　切換電視安全框 和 **格線開關**

動畫 標籤：可以藉由 **進場**、**退場** 或 **循環** 分類選擇適合的動畫特效，並可透過縮圖預覽效果。

動作 標籤：動畫的路徑設定，可為動畫套用多種不同路徑。

 按 插入文字，輸入食材名稱 (利用 `Enter` 鍵將文字分行)，設定合適字型、顏色與粗體，拖曳到適當位置擺放；以相同方式新增第三個文字物件，最後再擺放到適當位置。

小提示

快速選取文字物件

在 **進階模式** 視窗右側編輯區，如果多個文字物件重疊不好選取時，可以透過下方時間軸選取文字物件。

調整文字外框效果

STEP 01 在編輯區選取 "食材清單" 文字物件，於 **物件** 標籤確認已核選 **外框**，設定 **大小**：**4.0**，按 ➕ 新增外框。

於 **外框2** 設定 **大小**：**5.0**、**填滿類型**：**單色**、**亮黃色**，最後於 **物件設定** 設定 **轉譯方式**：**各個字元**，設定 **各個字元**，讓外框樣式獨立套用在每個字元。

小提示

關於轉譯方式

轉譯方式 主要針對 **整段文字** 或 **各個字元** 套用外框樣式，如果想要讓外框效果表現明顯，文字需選擇粗體字型。

STEP 02 接著選取下方任一個文字物件後，按 Ctrl 鍵不放再選取另外食材文字物件，
依相同方式參考下圖設定 **外框** 顏色。

設定文字進場動畫

在此統一設定三個文字物件的進場特效，於編輯區 (或時間軸)，按 Ctrl 鍵不放選取三
個文字物件，再於 **動畫** 標籤 \ **進場** 按 **重疊向下**。

設定文字退場動畫

為了讓食材名稱出現後，能夠持續顯示一段時間不消失，以下取消三個文字物件的結束特效。於編輯區 (或時間軸)，按 Ctrl 鍵不放選取三個文字物件，然後於 **動畫** 標籤 \ **退場** 按 **無動畫**。

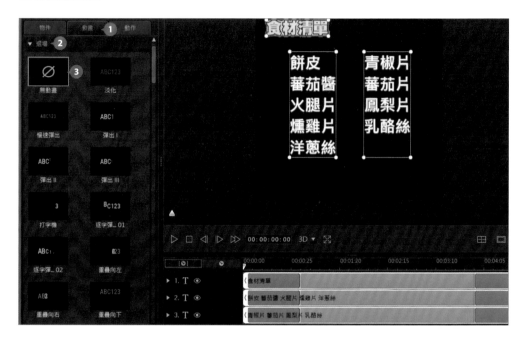

調整文字動畫的時間長度

文字特效已預設動畫播放的時間長度與開始、結束特效的時間點，可以在 **進階編輯** 視窗透過編輯區下方的時間軸調整。

 先將滑鼠指標移至時間軸 "食材清單" 文字物件開始特效區塊的結束點，呈 ⟷ 狀，按滑鼠左鍵不放往左拖曳至「00:00:0:14」時間點。

為了讓動畫更有層次感，將滑鼠指標移至第二個文字物件開始特效區塊的結束點呈 ↔ 狀，按滑鼠左鍵不放往右拖曳至「00:00:01:29」時間點；再將第三個文字物件開始特效區塊的結束點，往右拖曳至「00:00:02:11」時間點。

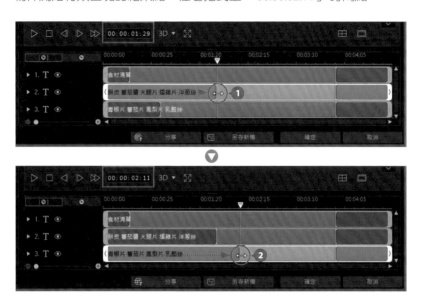

插入相片做為背景

完成文字動畫調整後，插入一張 PIZZA 擺設的相片當做背景。

 於編輯區上方按 🔲 **插入背景** 開啟對話方塊。

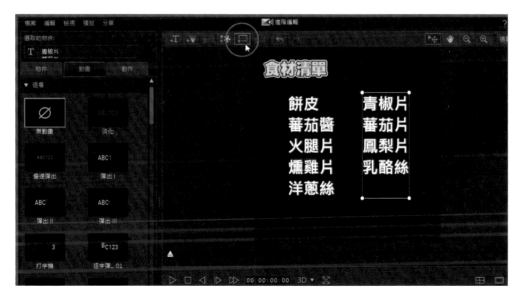

於對話方塊選取範例原始檔 <相片> 資料夾中 <07-02.jpg> 檔案，按 **開啟**，再按 **裁切**，維持相片比例放大並裁切以符合背景。

 完成後可以按 ▷ 預覽完成的文字特效，按 **確定** 即可完成文字特效的修改。

 回到主畫面，於時間軸 **視訊軌1** 選取第二個文字特效，按 ⊙ 設定時間長度：「00:00:06:00」，按 **確定**，最後於面板按右上角 ⊠ **關閉** 完成食材清單設計。

設計影片說明文字

7-6

透過 **建立新的文字範本** 功能可自行設計擁有個人風格的文字特效，更方便後續作品重複應用。

自訂文字範本

影片播放過程中，搭配相關說明文字，可以讓整部影片呈現更生動，以下先建立一個新的影片說明文字：

STEP 01 於 **T** **文字** 面板按 **建立新的文字範本 \ 2D 文字** 開啟視窗。在選取文字物件狀態下，於 **物件** 標籤 \ **字元預設組** 按合適字元類型套用；**字型/段落** 設定合適 **字型**、**字型大小**、**字體色彩**；設定 **陰影 \ 距離**：「1.0」。

STEP 02 參考下圖，選取文字物件，修改為「餅皮塗上一層披薩醬後先撒上乳酪絲」，在選取文字物件狀態下，設定 **水平置中** 及 **靠下對齊**，按 **↑** 鍵 10 次將文字物件由下方邊緣往上移動，按 **確定** 自訂範本名稱，再按 **確定**。

將文字範本新增到時間軸

影片說明的範本建立後，接下來根據影片內容，於時間軸 **文字軌** 中進行相關佈置。

STEP 01 時間軸按 **視訊軌2**，將時間軸指標移至 「00:00:10:00」 時間點，於 **T** **文字** 面板按 **我的內容 \ 自訂 \ 07影片說明** 文字特效，按 ▄▄▄ 在選取的軌道上插入。

STEP 02 於時間軸 **視訊軌2** 選取 **07影片說明** 文字特效，按 ◎ 調整時間為：「00:00:6:00」。

STEP 03 依相同方式，分別於時間軸的 「00:00:17:23」、「00:00:30:01」、「00:00:47:03」 三個時間點各別插入 **07影片說明** 文字特效至 **視訊軌2** 中。

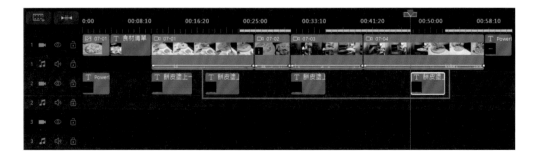

修改文字範本的內容與時間點

佈置好文字特效後,再根據影片內容調整文字內容、位置及時間長度。

STEP 01 於時間軸 **視訊軌2** 選取第二個 **07影片説明** 文字特效,按 **編輯 \ 進階模式** 開啟視窗。選取文字物件,修改文字為「依序舖上食材...最後再撒上乳酪絲」,在選取文字物件狀態下,設定 ▦\ **水平置中**,按 **確定** 。

 STEP 02 依相同方式,透過 **進階編輯** 視窗,分別調整第三、四個 **07影片説明** 文字特效,修改文字為「烤箱預熱後以 200 度烘烤約六、七分鐘」與「表面乳酪絲融化呈金黃色即完成」,設定 ▦\ **水平置中**。

第三個 **07影片説明** 文字特效

第四個 **07影片説明** 文字特效

於時間軸 **視訊軌2** 選取第二個 **07影片說明** 文字特效，將滑鼠指標移至結尾處呈 ⚯ 狀，按滑鼠左鍵不放往右拖曳至對齊 **視訊軌1** 的 **07-01** 影片素材結尾處，按 **僅修剪**。

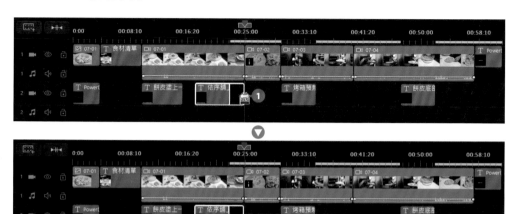

 依相同方式，將時間軸 **視訊軌2** 的第三個 **07影片說明** 文字特效結尾處往右拖曳至「00:00:47:03」時間點；第四個 **07影片說明** 文字特效結尾處往左拖曳至「00:00:50:04」時間點。

第三個 **影片說明** 文字特效

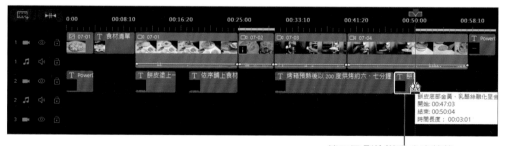

第四個 **影片說明** 文字特效

利用特效豐富影片效果

7-7

特效工房 提供多種視訊特效，不僅可以將這些特效加入視訊片段，還可以自訂特效的屬性，讓影片在播放時多了一層不一樣的視覺感受。

選擇及預覽視訊特效

■ **特效** 面板提供多種預設的視訊特效，可以為專案中的視訊與相片套用特效。藉由內建 **人物特效、混合特效、色彩風格檔、風格特效...**等進行選擇，再透過右側的預覽視窗預覽特效的動態效果。

將視訊特效加入特效軌中

一開始要為 **07-01.wmv** 影片素材加入 **分鏡及定格** 視訊特效，讓切比薩的程序以四格分鏡方式呈現。

 於時間軸左上角按 ■ **新增其他視訊軌/音軌至時間軸**，於 **剪輯管理員** 對話方塊 \ **特效**，設定 **新增 1 特效軌、位置：在第 3 軌上**，按 **確定**。(**新增視訊軌** 與 **新增音軌** 設定為「0」)

 於時間軸按 **特效軌**，將時間軸指標移至「00:00:50:14」時間點。

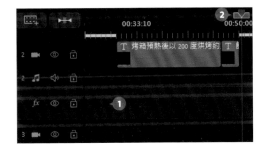

STEP 03 於 🔲 **特效** 面板按 **風格特效 \ 視覺 \ 分鏡及定格** 視訊特效,將滑鼠指標移至縮圖上方按右鍵,再按 **新增至時間軸上的特效軌** 插入 **特效軌** 中。

STEP 04 於時間軸 **特效軌** 選取 **分鏡及定格** 視訊特效,按 🔘 設定時間長度:「00:00:04:20」,按 **確定**,縮短此特效的時間長度。

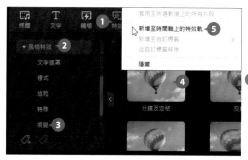

小 提 示

在特效軌加入特效的優點

特效軌 中雖然只能在某一個時間點加入一個視訊特效,但好處是除了可以根據需求移動位置及調整時間長短,還可以跨越多個影片素材呈現。

將視訊特效套用在影片上

視訊特效除了可以新增到 **特效軌** 中,還可以直接套用在影片素材上。

STEP 01 於 🔲 **特效** 面板按 **風格特效 \ 特殊 \ 耀光** 視訊特效,按滑鼠左鍵不放拖曳至時間軸 **視訊軌1** 的 **07-03** 影片素材。

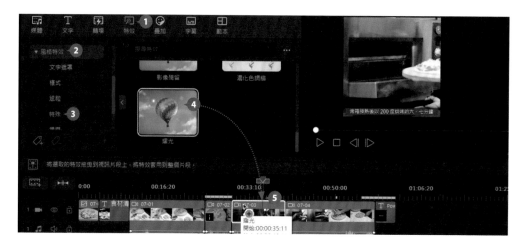

STEP 02 套用後可以藉由預覽視窗看到效果，此外於時間軸該段影片素材上，會顯示 ■ 圖示，當滑鼠指標移動到圖示上方，則會標示已套用的特效項目。

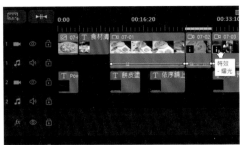

小提示

將視訊特效套用在影片上的優點

將視訊特效套用在影片素材上時，可以重複套用多種特效，不過卻可能受限於影片的長度或位置，較無法隨心所欲的運用在任何時間點。

修改視訊特效

套用的視訊特效除了預設效果外，也可以針對需求，調整相關設定值，接著要為 **07-04.wmv** 影片素材套用 **放大鏡** 視訊特效並修改設定值。

 STEP 01 於時間軸按 **特效軌**，將時間軸指標移至「00:00:56:03」時間點，於 **特效** 面板按 **風格特效 \ 特殊 \ 放大鏡** 視訊特效，將滑鼠指標移至縮圖上方按右鍵，按 **新增至時間軸上的特效軌** 插入 **特效軌** 中。

STEP 02　於時間軸 **特效軌** 選取 **放大鏡** 視訊特效，按 **修改** 開啟面板。

 STEP 03　設定 **放大率**：「8」、**放大**：「35」、**畫格寬度**：「2」，按 **修改** 開啟視窗，將滑鼠指標移至放大鏡中間紅點處，按滑鼠左鍵不放拖曳至適當位置擺放，按 **確定**，再於面板右上角按 ✕ 關閉。

STEP 04　將滑鼠指標移至時間軸 **特效軌** 的 **放大鏡** 視訊特效結尾處呈 ⚬ 狀，按滑鼠左鍵不放往左拖曳至對齊 **視訊軌1** 的 **07-04** 影片素材結尾處。

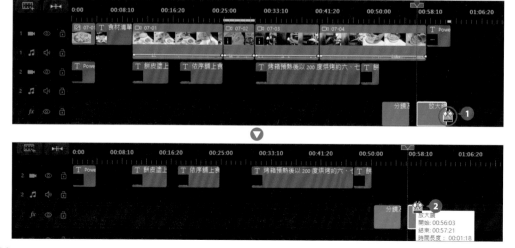

為影片加上背景配樂

最後搭配輕快配樂，讓整個影片在歡愉的氣氛中播放到結束。

 將滑鼠指標移至時間軸起始處，於 🎵 **媒體** 面板 \ **背景音樂** 中任一首音訊名稱
按 ▶ 可聆聽音樂，找到合適音訊後按 ⬇ 下載。時間軸按 **音軌2**，接著於 **我的
媒體\下載項目** 按已下載音訊，按 🔲 **在選取的軌道上插入**。

 將滑鼠指標移至音訊素材結束處呈 🖐 狀，按滑鼠左鍵不放往左側拖曳，將此段
音訊素材時間長度對齊 **視訊軌1** 的片尾文字結尾處，按 **僅修剪**。

STEP 03 於時間軸 **音軌2** 選取音訊素材，按 **編輯**，於 **音訊** 面板 \ **音量/淡入淡出** 核選 **淡入**、**淡出**，讓配樂有淡入淡出效果，再於面板右上角按 ✕ **關閉**。

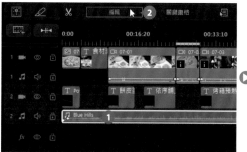

全部影片素材靜音設定

影片中的聲音與背景音樂互相干擾時，可
以設定為靜音。於時間軸 **音軌1** 中按 🔊
啟用/停用此軌道 呈 🔇 狀，將此軌道中所
有影片素材靜音，如此即完成此作品設
計，別忘了儲存檔案。

小提示

音訊閃避適當保留影片聲音

音訊閃避 功能可以自動調整影片的聲音與背景音樂，當影片有旁白或聲音
時，會自動降低背景音樂的音量。先選取要調整的背景音樂，按 **編輯 \ 音
訊閃避**，接著調整相關數據後按 **套用** 就完成設定。

延伸練習

一、選擇題

1. (　　) 希望背景音樂在影片素材有聲音狀況下自動降低，可以用什麼功能？

 　　A. **片段靜音**　B. **音訊閃避**　C. **修補/加強**

2. (　　) 哪個項目可以讓整個音軌靜音？

 　　A. **鎖定/解除鎖定此軌道**　B. **啟用/停用此軌道**　C. **編輯此軌道**

3. (　　) 哪個功能可以自動修正影片素材晃動現象？

 　　A. **內容感應編輯**　B. **編輯視訊**　C. **視訊穩定器**

4. (　　) 影片若光線或色彩不佳，可以透過哪個面板調整？

 　　A. **編輯\音訊**　B. **關鍵畫格**　C. **編輯\視訊**

5. (　　) 物件插入時，想要覆蓋現有片段可以於清單中按哪個項目？

 　　A. **插入並移動所有片段**　B. **覆寫**　C. **交叉淡化**

二、實作題

請依如下提示完成「咖啡拉花動手做」作品。

1. 開啟 1:1 新專案，匯入延伸練習原始檔 <影片> 資料夾中 <07-01.wmv>～<07-04.wmv> 四個素材。

2. 利用 Ctrl 鍵選取 🎬 **媒體** 面板中 **07-01.wmv**～**07-04.wmv** 四段影片素材後，按滑鼠左鍵不放拖曳至時間軸 **視訊軌1** 起始處擺放，並調整影片尺寸與位置，填滿整個畫面。

3. 於時間軸 **視訊軌1** 的 **07-04** 影片素材上，按一下滑鼠右鍵按 **片段靜音**。

4. 於時間軸 **視訊軌1** 選取 **07-02** 影片素材，按 **編輯**，在 **視訊 \ 工具** 標籤按 **視訊穩定器**，核選 **套用視訊穩定器以修正受手震影響的視訊**，改善影片晃動；於 **顏色** 標籤按 **調整光線**，設定 **光線**：「40」，再按 **色彩強化**，設定 **色彩加強程度**：「30」。

5. 設計片頭文字：將時間軸指標移至 **視訊軌1** 起始處，於 🇹 **文字** 面板按 **文字 \ 動態圖形 \ 動態圖形 006** 文字特效，修改文字為「Coffee Time」、「咖啡時光」與「Enjoy Life」；設定時間軸 **視訊軌1** 片頭動態文字時間長度：「00:00:04:00」。

6. 新增 **特效軌** 至 **視訊軌2** 上，再選取 **特效軌** 並將時間軸指標移至起始處，於 🎞 **特效** 面板按 **風格特效 \ 炫粒 \ GPU星星** 視訊特效，調整時間長度：「00:00:04:00」。

7. 設計片尾文字：將時間軸指標移至**07-04** 影片素材結尾處，於 🇹 **文字** 面板按 **純文字 \ 預設** 文字特效，按 **編輯 \ 進階模式** 開啟視窗。

   修改文字為「THANK YOU」，套用合適的 **字元預設組** 與 **字型/段落**，設定 **水平置中** 與 **垂直置中**，並插入延伸範例原始檔 <相片> 資料夾中 <07-01.jpg> 檔案做為背景。

8. 設計說明文字：於 🇹 **文字** 面板自訂 **ex07影片說明** 文字範本，修改文字，套用合適的 **字元預設組** 與 **字型/段落**，設定 **水平置中、靠下對齊**，與按 ⬆ 鍵 10 下由下方邊緣往上移動。

   按 **視訊軌2**，分別於 **07-01** ～ **07-04** 四個影片素材起始處插入四個影片說明文字，依照延伸範例原始檔 <內文.txt> 修改文字、水平置中，與修剪時間至每個影片素材結尾處。

9. 按 **特效軌**，將時間軸指標移至「00:00:36:00」時間點，於 🎞 **特效** 面板按 **風格特效 \ 特殊 \ 放大鏡** 視訊特效，並調整位置與相關數值，調整時間長度：「00:00:04:00」。

10. 最後於 🎬 **媒體** 面板 \ **背景音樂** 中下載合適音訊與插入時間軸 **音軌2** 起始處，修剪音訊素材結束時間，並套用淡入淡出效果，如此即完成此作品設計，別忘了儲存檔案。

08

捕捉時光瞬息

TimeLapse 縮時攝影

8-1 影片構思

利用威力導演將相片轉換為影片並以縮時攝影的方式呈現，再搭配轉場效果，讓主題在切換時能有不一樣的變化，一次欣賞到五組瞬息萬變的美麗景色。

●●●● 作品搶先看

設計重點：

利用資料夾進行素材分類，匯入拍攝好的五組相片素材後，修改時間畫格速度，加上轉場效果完成縮時影片製作，最後利用 AI 置換天空完成片頭的設計。

參考完成檔：

<本書範例＼ch08＼完成檔＼Produce08.wmv>

●●●● 製作流程

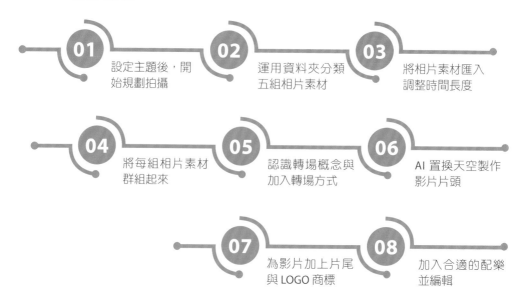

01 設定主題後，開始規劃拍攝

02 運用資料夾分類五組相片素材

03 將相片素材匯入調整時間長度

04 將每組相片素材群組起來

05 認識轉場概念與加入轉場方式

06 AI 置換天空製作影片片頭

07 為影片加上片尾與 LOGO 商標

08 加入合適的配樂並編輯

8-2 迷人的縮時攝影

縮時攝影 (TimeLapse) 是以固定時間間隔拍攝成一系列相片或影片，將拍攝畫格設定遠低於一般觀看所需的畫格數，當完成的作品在正常播放速度下，會呈現出時間加速的流逝感。

縮時攝影最常應用的拍攝主題不外乎是風景、流雲、日出日落、城市人群...等美景，拍攝時依主題設定畫格的張數，可能是一秒一張或是十秒一張，甚至可以一天或一週一張，最後在播放時，以正常每秒 30 畫格 (29.97) 播放影片。

其實這樣的拍攝手法早期是出現在記錄植物成長，經過長時間的縮時攝影後，即可於短時間內欣賞到植物成長的過程；另外會常常於電視節目中看到介紹大樓建造時的過程，為了避免佔用太多節目時間，都會利用縮時攝影的方式拍攝建造過程，壓縮整個攝影時間，讓觀眾能欣賞到完整的內容。

挪威 - 縮時攝影
作品網址：「https://youtu.be/Scxs7L0vhZ4」

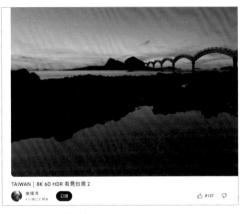

看見台灣 2 - 縮時攝影
作品網址：「https://youtu.be/ohwiy6CfzGc」

小提示

解析 "畫格數"

30fps 是指每 1 秒的影片由三十張相片連接而成，而每一張相片就代表了 1 個畫格數，一般來說，電視節目播放都是使用 29.97 畫格，而電影則是使用 24 畫格，其中電視訊號又分為 NTSC (29.97 畫格) 及 PAL (25 畫格) 二大系統，是全世界目前共用的規格。在亞洲部分，台灣、日本、韓國、菲律賓...等均採用 NTSC 格式。

8-3 拍縮時攝影的設備與前置作業

拍攝縮時攝影,事先的準備非常重要,因為需要較長時間的拍攝與等待,除了要有驚人的耐力及體力外,也要帶齊相關設備,正所謂"工欲善其事,必先利其器"。

基本拍攝設備

* **數位單眼相機**:現在大部分數位單眼相機都可以拍出品質不錯的相片,使用像素越高的數位單眼相機拍攝,可以讓縮時影片畫質更佳。

* **腳架**:按下快門拍攝時,多少都會造成畫面晃動的情況,使用腳架固定,讓拍攝的相片不會出現晃動,搭配快門線能更加穩定相片品質。

* **電子快門線**:使用可以設定時間的電子快門線,即可於固定時間內連續拍攝相片,設定好間隔時間與拍攝張數後,按下快門就可開始拍攝。

* **電池**:長時間拍攝最需要注意的就是電力問題,多準備一些備用電池可以確保拍攝過程順暢。

數位單眼相機

電子快門線

腳架

其他拍攝縮時設備

若是手頭上沒有前面提到的單眼相機、腳架與快門線...等設備的話,目前市面上也有推出縮時攝影相機,以及多款縮時電動雲台,不需要額外複雜的設備,就能快速拍出迷人的縮時攝影。

* **縮時攝影相機**:常見的機型有 Brinno 縮時攝影相機,只要打開機器電源,確定拍攝主題,選擇想拍攝縮時的時間間隔,不用再利用影片軟體後製,就可以輕輕鬆鬆拍出豐富的縮時攝影影像。

- **縮時電動雲台**：市面上推出多款縮時電動雲台機型，有 LapsePan 縮時電動雲台、PANOCAT 慢版遙控電動雲台...等，搭配腳架減少晃動，讓縮時攝影中的美景可以完美移動呈現。另外可以搭配行動裝置和運動相機...等進行拍攝；行動裝置可使用內建拍攝功能，或者可下載縮時攝影的 App，例如：Framelapse、Lapse It...等，完成裝置上的縮時攝影設定，接著再搭配電動雲台相關的設定，簡單操作讓你快速就能拍攝出媲美專業的移動畫面。

拍攝縮時影片需注意的事項

拍攝縮時攝影需要很長的時間，而真正製作成影片時可能只有幾秒而已，所以不管是使用基本設備、縮時攝影機或者縮時電動雲台進行拍攝，都必須得思考拍攝的間隔時間與長度，計算拍攝所需的時間，準備好器材前往拍攝地點，進行漫長的拍攝階段。

此作品中有雲海、白天景色與夜景五個不同的美景串連，分別使用行動裝置以及單眼相機、腳架與快門線進行拍攝。

固定畫面的拍攝方式：使用單眼相機拍攝，設定每間隔 3~5 秒拍攝一張，共拍攝五個不同的美景，每個美景都約有上百張相片檔。

此作品將五個美景內每張相片的時間長度分別調整為 1 個畫格，因此每個美景成品約莫 3~4 秒而已，後續會再加上片頭、片尾與音樂，才能完成一部縮時攝影作品。

8-4 以資料夾分類素材

影片製作需要用到許多影片、相片或音樂...等素材，如果一味的匯入沒有妥善管理，找素材就有如大海撈針。這個作品中將利用資料夾來協助管理媒體素材，提高工作效率。

STEP 01 開啟威力導演後，在啟動畫面設定 **顯示比例：16:9**，按 **新增專案** 進入編輯畫面。

STEP 02 於 📹 **媒體** 面板按 🔼 **匯入 \ 匯入媒體資料夾** 開啟對話方塊，在範例原始檔按 `Ctrl` + `A` 鍵，選取所有範例原始資料夾，再按 **選擇資料夾**，將所有整理好的相片素材資料夾項目匯入至媒體庫內。

STEP 03 匯入的相片素材會以資料夾顯示，在資料夾圖示上按二下滑鼠左鍵即可進入該資料夾並看到所有素材，若要回到媒體庫根目錄只要按 ⬆ 即可。

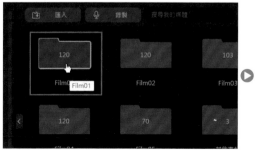
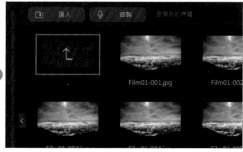

製作縮時攝影

8-5

完成匯入相片素材之後，接著就要分別將這 5 組不同美景的相片素材插入時間軸中，再調整時間長度，連續播放的情況下，呈現縮時攝影影片的初步製作。

插入相片素材

首先，插入第一組雲海縮時攝影的相片素材：

 於 🎞️ **媒體** 面板 **Film01** 資料夾上按二下滑鼠左鍵進入，按 Ctrl + A 鍵選取全部的相片素材。

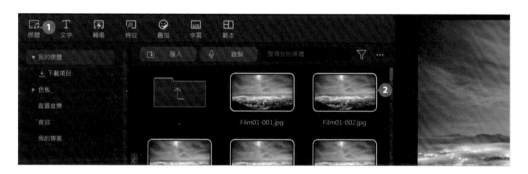

 於任一素材縮圖上按滑鼠左鍵不放，拖曳至時間軸 **視訊軌 1** 上並對齊起始處，再放開滑鼠左鍵。

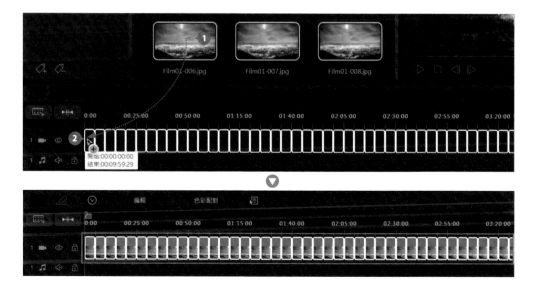

為相片素材調整合適的時間長度

現在要設定時間軸上每張相片素材的時間長度。

 於時間軸 **視訊軌1** 選取第一張相片素材,再按 Shift 鍵不放選取最後一張相片素材,如此一來即可選取其間的所有素材。

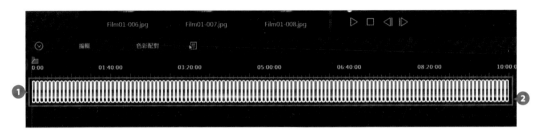

 按 ⊙ 設定時間長度:「00:00:00:01」,按 **確定** 即完成變更,最後可按 ▶ **播放** 觀看結果。

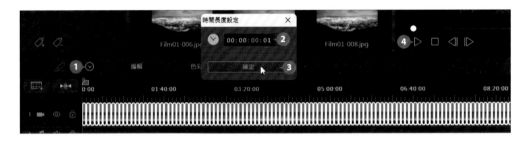

 因為後續要套用轉場效果與下個美景做串連,需將最後一張相片素材的時間長度拉長一些。於時間軸 **視訊軌1** 選取最後一張 **Film01-120** 相片素材,按 ⊙ 設定時間長度:「00:00:00:20」,按 **確定**。

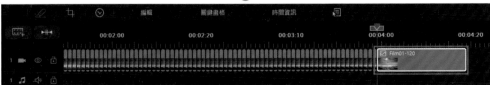

由於此作品的相片素材較多，為了避免之後調整時不小心移動到，要利用群組功能，將時間軸 **視訊軌1** 上 **Film01** 資料夾中的相片素材群組起來。

於時間軸 **視訊軌1** 上選取第一張相片素材，再按 Shift 鍵不放選取最後一張相片素材，在選取的相片素材上按一下滑鼠右鍵，按 **建立片段群組**，完成第一組相片素材設定。

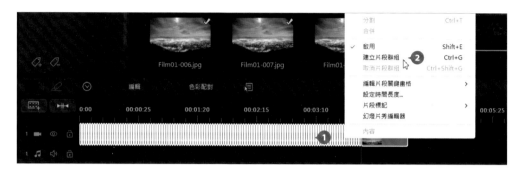

 依相同方式，分別將 **Film02~Film05** 資料夾中的相片素材，依序拖曳至時間軸 **視訊軌1** 中第一組相片素材後方，並依第一組相片素材的設定依序調整時間長度與建立片段群組：

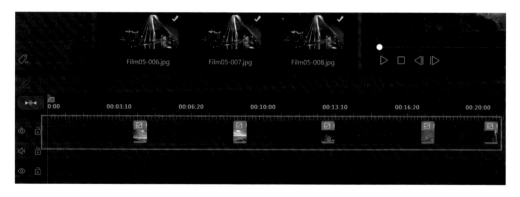

完成第二組~第五組相片素材的加入與調整，可按 **播放** 觀看結果。

小提示

設定時間長度的值

在 **時間長度** 對話方塊中，"00:00:00:00" 分別代表 "時:分:秒:畫格" 將滑鼠指標移至欲設定的時間項目上，按一下滑鼠左鍵，待數值呈藍色選取狀態時可針對該數值做變更，但如果在按後 2 秒內無任何輸入動作時，會自動取消選取狀態。

轉場特效與概念

8-6

什麼是轉場特效呢？顧名思義，就是不同場景在轉換時所加入的變化。在二個主題畫面之間，加入動態效果，如此一來可以讓畫面的切換不會顯得太突兀。

什麼是轉場特效？

舉例來說，如果拍攝的影片從一個旅人的背影畫面，突然變成大廣角的風景畫面，肯定會讓人感覺突兀！這時透過威力導演提供的轉場特效，不但能解決這個問題，更能豐富自製影片的呈現。

轉場特效會佔用影片部分秒數

在二段影片之間插入了轉場特效時，會佔用二段影片的部分秒數，因為轉場特效是透過影片內容的重疊融合而產生，所以在拍攝時要注意。

拍攝的時間要充足，從拍攝開始至拍攝結束的前後段時間，多停留 3 秒以上，除了可以避免剪輯時不小心剪輯掉的時間畫面，轉場也會消耗掉部分的時間畫面，如果拍攝時間起迄不足，可能會把重要畫面剪輯掉或是被轉場特效給帶過。因此再次提醒，當開始錄影時，先於起始畫面停留 3 秒以上，結束拍攝時也是將畫面停留 3 秒以上，這樣會對後續編輯工作有很大的幫助，也比較不會遺漏重要的畫面。

有 "萬用型" 的轉場效果嗎？

一般轉場特效除了片頭的淡入與片尾的淡出，場景之間的轉換較常見的就是 **一般** 分類中的 **淡化** 效果，此效果可以說是較安全的轉場特效。那什麼是不安全的轉場特效！例如：甜蜜的結婚場景若是搭配有破裂效果的轉場，是不是不盡理想。

可以多多嘗試各種效果，再依據自己的經驗及影片的特性來搭配適合的轉場至影片中。

面對大量素材時，如何快速的加入轉場特效？後續說明幾種轉場套用技巧，可先了解用法，待後續 8-7 節操作此章範例時即能輕鬆掌握。

對全部視訊套用淡化轉場特效

於 📷 **轉場** 面板按 **轉場 \ 一般 \ 淡化**，媒體庫右上角按 ⋯ **更多選項 \ 將選取的轉場特效套用到所選軌道上的所有視訊**，或者按 ，清單中提供四種轉場特效方式 (下頁有相關說明)，可針對影片內容挑選合適的使用。

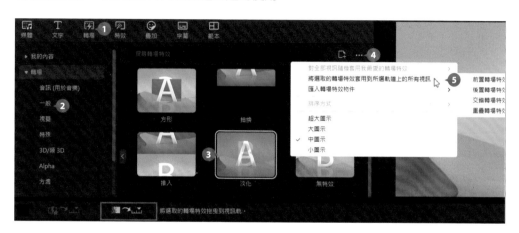

將常用的轉場特效加入 "我的最愛" 類別

於 📷 **轉場** 面板按 **轉場**，清單中按一常用的轉場特效，將滑鼠指標移至縮圖右下角按 ♡ 呈 ● 狀即可將該項目加至 **我的最愛**；之後於 📷 **轉場** 面板按 **我的內容 \ 我的最愛**，即可看到已加入的轉場特效。若是要刪除 **我的最愛** 中的轉場特效，只要在該轉場特效上再按一下 ●，即可從清單中刪除該轉場特效。

小提示

套用轉場特效的四種方式

對全部視訊套用 **前置轉場特效** 方式：時間軸軌道中，所有媒體素材前方沒有媒體素材的，都會套用上 **前置轉場特效**。

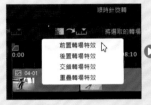 

對全部視訊套用 **後置轉場特效** 方式：時間軸軌道中，所有媒體素材後方沒有媒體素材的，都會套用上 **後置轉場特效**。

 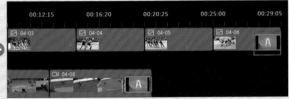

對全部視訊套用 **交錯轉場特效** 方式：時間軸軌道中，所有媒體素材之間，都會套用轉場特效，並將轉場特效依秒數均分套用於前、後媒體素材，而該軌道整段影片長度不會因為轉場而影響。

對全部視訊套用 **重疊轉場特效** 方式：時間軸軌道中，前、後媒體素材會與轉場特效互相重疊 (轉場會疊放於前方媒體素材尾端，而後方媒體素材是依轉場特效秒數往前重疊)，所以該軌道整段的影片長度會因為轉場而縮短。

 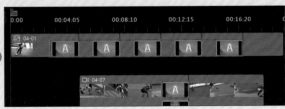

對全部視訊隨機套用 "我的最愛" 轉場特效

將常用的轉場特效加入 **我的最愛** 類別，設計時即可隨機套用 **我的最愛** 清單中的轉場特效。

於 🎬 **轉場** 面板，媒體庫右上角按 ••• \ **對全部視訊隨機套用我最愛的轉場特效**，再按合適的轉場特效方式即可。(會依 **我的最愛** 清單中的特效隨機套用)

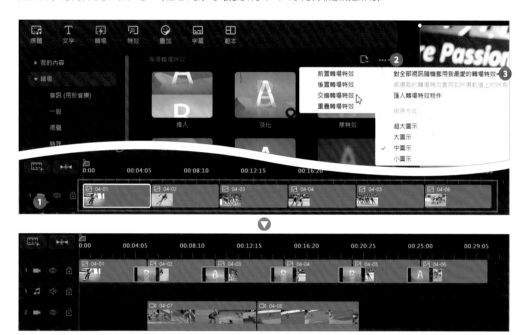

自訂轉場特效

除了預設的轉場特效外，也可以選擇合適的相片或圖案素材，再調整變化的數值，就可以打造屬於自己的轉場特效。

STEP 01 於 🎬 **轉場** 面板按 🎞 **建立新的 Alpha 轉場**，開啟對話方塊，選取想要自訂為轉場特效的相片或圖案後，再按 **開啟**。

02 進入 **轉場特效設計師** 視窗，可為相片或者圖案翻轉、加上外框和調整漸變與
描邊的設定，按 ▶ **播放** 預覽效果，完成後按 **確定**，在 **另存範本** 對話方塊自
訂範本名稱，再按 **確定**。

 03 接著於 🔀 **轉場** 面板，按 **我的內**
容 \ 自訂，就可以看到該特效已
加入其中。(若是要修改自訂的轉
場特效，可按上方 🔁 **修改選取的**
Alpha 轉場，進入 **轉場特效設計**
師 視窗進行編修。)

小提示

修改預設的轉場特效

預設的轉場特效並不是每一個都可以修改，若是想要修改預設的轉場特效，可以在
轉場特效上按一下滑鼠右鍵，只要有出現 **修改範本** 功能並且可選按，就可以進入
轉場特效設計師 視窗進行編修。

套用轉場特效

8-7

經過前面說明，相信對轉場已有了較深的認識，在此 5 組美景的相片素材主題間要套用上四個不同的轉場特效，讓不同的美景切換時有更多變化。

STEP 01 此作品希望轉場特效是有交錯的感覺，接下來要調整轉場特效預設行為。在視窗右上角按 ⚙ **設定使用者偏好設定** 開啟對話方塊，按 **編輯**，設定 **設定預設轉場特效行為：交錯**，按 **確定**。

STEP 02 於 ▣ **轉場** 面板按 **一般 \ 擦去(柔和)** 轉場特效，按滑鼠左鍵不放，拖曳至時間軸 **視訊軌1** 中第一組 **Film01-120** 與第二組 **Film02-001** 相片素材之間再放開。(先放大時間軸顯示比例，可更精準的擺放至合適時間點)

依相同方式，分別在四組相片素材之間，加入 **淡化**、**模糊**、**崩解** 三種不同的轉場特效。由於前面設定相片素材時間長度比較短，若是套用轉場特效看不太清楚時，可於時間軸左下方按 ⊖ **縮小** 或 ⊕ **放大**，適當的調整時間軸寬度。

第二組 **Film02-120** 與第三組 **Film03-001** 相片素材之間：設定 **一般 \ 淡化** 轉場特效

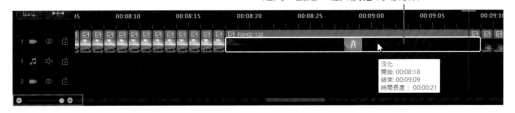

第三組 **Film03-103** 與第四組 **Film04-001** 相片素材之間：設定 **一般 \ 模糊** 轉場特效

第四組 **Film04-120** 與第五組 **Film05-001** 相片素材之間：設定 **方塊 \ 崩解** 轉場特效

 完成轉場套用後，會發現轉場特效將相片素材覆蓋住，為了讓相片素材可以呈現出來，接著要為四個轉場特效縮短時間。於時間軸 **視訊軌1** 選取第一個 **擦去 (柔和)** 轉場特效，按 ◎ 設定時間長度：「00:00:00:15」，按 **確定**。

 依相同方式，分別為 **淡化**、**模糊**、**崩解** 三種轉場特效設定時間長度：「00:00:00:15」。

用 AI 技術設計影片片頭

8-8

AI 置換天空 功能可以優化影片中的天空，完全改變天空背景。透過色彩調整、混合效果、羽化淡化...等設定，玩出超越想像的創意。

AI 置換影片天空

STEP 01 先將時間軸指標移至 **視訊軌1** 起始處，於 🎬 媒體 面板回到媒體庫根目錄，**其他素材** 資料夾上按二下滑鼠左鍵進入。

STEP 02 按 **Film01**，再按 📽️↩️ \ 插入並移動所有片段，將影片素材插入 **視訊軌1** 最前方，再按 **編輯** 開啟面板。

在 **視訊 \ 工具** 標籤按 **AI 置換天空** 開啟視窗。

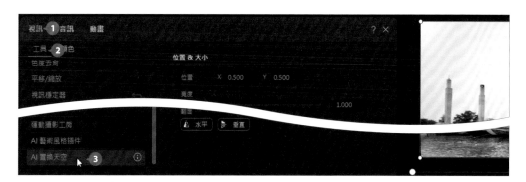

STEP 04 **AI 置換天空** 視窗中預設已有多種天空可以直接套用,也可匯入自製的天空影像合成。選擇合適的天空範本即會自動套用,拖曳預覽滑桿觀看,再依整體置換狀況利用右下方的控制項目調整羽化、前景、淡化、位置...等設定,套用到合適效果後,按 **開始影片轉換**。

影片來源位址　　　　　匯入視訊　　　預覽視窗　　逐格控制、設定起始與結束標記

匯入自製的天空影像　　預設天空範本　　　　　　控制項目　　開始影片轉換

STEP 05 完成置換後，媒體庫中即會產生一個新的影片素材，並自動取代 **視訊軌1** 上原始影片素材。

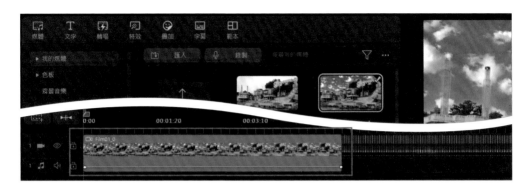

調整影片的對比及鮮豔度

置換過的影片，可以再透過 **調整色彩** 功能來加強影片的 **亮度**、**對比**、**飽和度**、**清晰度**...等，讓影片風格更加顯眼。

STEP 01 於時間軸 **視訊軌1** 上選取要調整的 **Film01_0** 影片素材，按 **編輯**，在 **視訊 \ 顏色** 標籤核選 **調整色彩**。

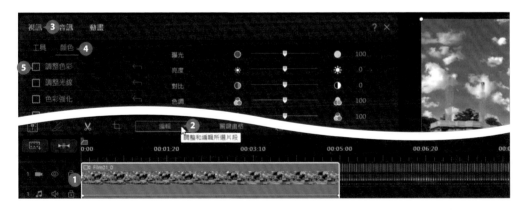

STEP 02 利用拖曳 **曝光**、**對比**、**飽和度**...等滑桿，依右圖示數值調整，將影片色彩加強，完成後按面板右上角的 ⊗ **關閉**。

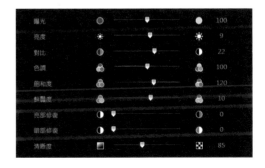

製作片頭文字

加點文字動畫可以讓片頭更加生動。

 於 **T** **文字** 面板按 **文字 \ 純文字 \ 波浪** 文字特效,拖曳至時間軸 **視訊軌2** 最前方對齊影片起始處,再放開滑鼠左鍵。

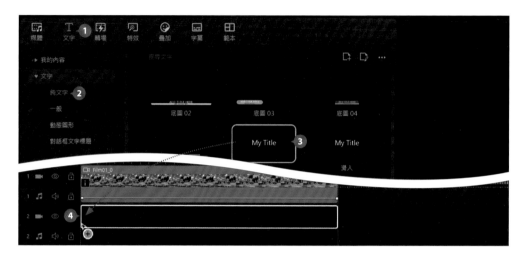

 按 ⏱ 設定時間長度:「 00:00:05:00 」,按 **確定** 完成變更,接著再按 **編輯** 開啟面板。

STEP 03 最後更改文字內容,設定合適 **字型**、**字型大小**...等,再套用合適的 **預設風格**,擺放至合適的位置上,完成後按面板右上角的 ⊗ **關閉** 完成片頭文字的設計。

加上片尾、LOGO 與背景配樂

8-9

為影片加上片尾、屬於個人的商標，能讓影片更具完整性。

影片片尾的設計

只要利用 **T 文字** 面板中預設的文字特效，就可以簡單的幫影片加上片尾。

STEP 01 於 **T 文字** 面板按 **一般**，選擇合適的文字特效，按滑鼠左鍵不放拖曳至下方時間軸 **視訊軌1** 最右側影片結尾處，再放開滑鼠左鍵。

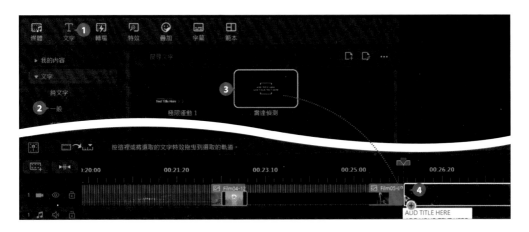

STEP 02 將文字特效的時間長度由 10 秒變更為 5 秒，選取時間軸 **視訊軌1** 片尾文字特效，按 ⊙ 設定時間長度：「00:00:05:00」，按 **確定** 完成變更。

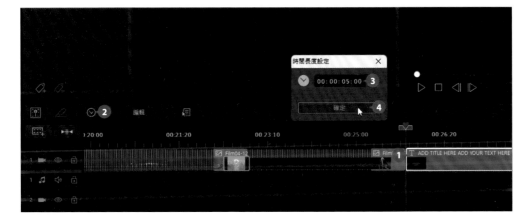

接著在選取片尾文字特效狀態下，按 **編輯** 開啟面板，可以直接在文字欄位中輸入欲修改的文字內容。(或是於預覽視窗文字框中按一下滑鼠左鍵，出現輸入線後更改文字內容。)

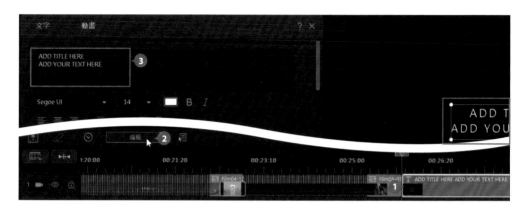

STEP 04 完成文字修改後，於預覽視窗選取文字框內的第一行文字，接著設定合適的字型與大小，再繼續選取第二行文字，依相同操作套用合適的字型與大小，最後完成按面板右上角的 ✕ **關閉**。

加入 LOGO 商標

辛苦完成的影片，當然希望播放時能看到自己專屬的商標或是公司名稱，這樣不僅可以防止影片遭到盜用，更可以打響自己的商標或公司知名度！

STEP 01 於 **媒體** 面板按 **其他素材** 資料夾，選取 **Logo** 圖片素材並拖曳至時間軸 **視訊軌2** 片頭文字後方，接著將滑鼠指標移至圖片素材結尾處呈 🔒 狀時，按滑鼠左鍵不放往右拖曳至對齊 **視訊軌1** 中 **Film05-070** 相片素材結尾處。

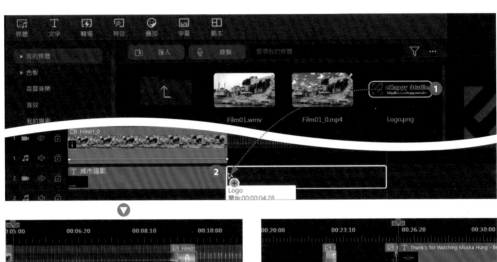

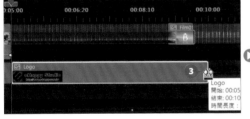
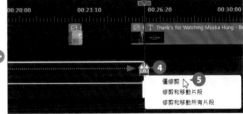

STEP 02 於預覽視窗將滑鼠指標移至圖片上的控點呈 ↘ 狀，拖曳控點等比例縮放至合適的大小，再將滑鼠指標移至圖片上呈 ✥ 狀時，拖曳至合適的位置擺放。

加上好聽的背景配樂

影片的最後,需要配上一首好聽的背景配樂,可以讓影片更加分,在此作品將插入已錄製好的配樂。

STEP 01 於 ▦ **媒體** 面板按 **其他素材** 資料夾,再選取 **music** 音訊素材,按滑鼠左鍵不放,拖曳至 **音訊軌2** 起始處,再放開滑鼠左鍵完成插入。

STEP 02 由於 **music** 音訊素材時間長度不夠長,所以要再加入一次銜接。拖曳音訊素材至第一段音訊素材後方,並往左拖曳一些,讓二個音訊素材重疊,按 **交叉淡化** 產生銜接效果。(如果音訊不夠長都可以以此方法銜接)

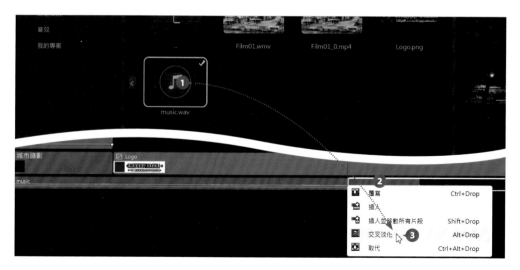

STEP 03 接著要調整第二首音訊素材長度，將滑鼠指標移至音訊素材結尾處呈 🎵 狀時，按滑鼠左鍵不放往左拖曳，縮短並對齊片尾文字特效結尾處。

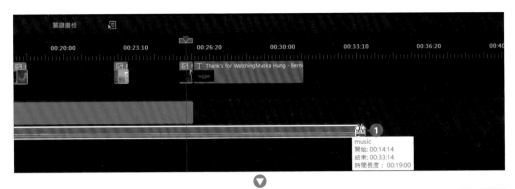

STEP 04 最後透過音量控制點調整配樂淡出效果，按 Ctrl 鍵不放，將滑鼠指標移至第二段 **music** 音訊素材淡出效果開始時間點按一下滑鼠左鍵新增音量控制點，再依相同方式在音訊素材最後新增音控制點並往下拖曳至底，調整配樂淡出的效果。

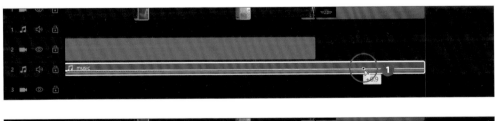

如此即完成此作品的設計，別忘了儲存檔案。

延 伸 練 習

一、選擇題

1. (　　) 以固定時間間隔拍攝成一系列相片並製作成影片，這種作品稱之為？

   A. 時光攝影　B. 縮時攝影　C. 間隔攝影

2. (　　) 在亞洲部分國家所使用的電視訊號為以下何種系統格式？

   A. NTSC　B. PAL　C. SECAM

3. (　　) 下列哪個面板可以匯入整個資料夾與資料夾內的素材？

   A. 範本　B. 轉場　C. 媒體

4. (　　) 設定預設轉場特效方式中，以下哪一種不是威力導演提供的選項？

   A. 交疊　B. 交錯　C. 重疊

5. (　　) 如何在威力導演中啟動 AI 置換天空功能？

   A. 編輯 \ 視訊 \ 工具 \ AI 置換天空　B. 關鍵畫格 \ AI 置換天空

   C. 媒體 \ 視訊 \ 工具 \ AI 置換天空

二、實作題

請依如下提示完成「風景縮時攝影」作品。

1. 開啟 16:9 新專案，於 媒體 面板按 使用範例媒體 匯入預設的媒體素材。

2. 於 ▦ **媒體** 面板按 ▣ **匯入 ＼ 匯
入媒體資料夾** 匯入範例原始檔
<Film01>~<Film03> 資料夾素材。

3. 於 **Film01** 資料夾中選取全部的相
片素材，拖曳至時間軸 **視訊軌1**
並對齊影片起始處，按 ◎ 設定時

間長度：「00:00:00:01」，再設定最後一張的時間長度「00:00:01:00」。

4. 將時間軸 **視訊軌1** 的 **Film01** 相片素材全部選取後，在選取的相片素材上按一
下滑鼠右鍵，按 **建立片段群組**；再依相同方式，依序將 **Film02**、**Film03** 相
片素材擺放至 **視訊軌1**，設定時間長度及群組物件。

5. 將時間軸指標移至 **視訊軌1** 起始處，按 **Mountainbiker**，再按 ▣◥◣ ＼ **插入
並移動所有片段**，將影片素材插入 **視訊軌1** 最前方。

6. 將滑鼠指標移至 **Mountainbiker** 結尾處呈 ⬚ 狀時，按滑鼠左鍵不放往左拖曳
修剪出合適的影片時間長度：「00:00:05:00」，並套用 **修剪和移動所有片段**。

7. 在選取 **Mountainbiker** 影片素材的情況下，按 **編輯 \ 視訊 \ 工具** 標籤 \ **AI 置換天空** 開啟視窗，選擇合適的天空範本套用，拖曳預覽滑桿觀看，再依整體置換狀況調整控制項目，完成後按 **開始影片轉換**。

8. 片尾文字：於 🅣 **文字** 面板按 **純文字 \ 波浪** 文字特效，拖曳至 **時間軸1** 影片最後擺放當做片尾，按 ⊙ 設定時間長度：「00:00:04:00」，於 **文字** 面板中輸入片尾文字「謝謝觀賞」並設定合適的 **字型**、**字型大小** 與擺放至合適的位置。

9. 在各片段之間加入轉場特效，分別為 **一般 \ 淡化、穿插** 及 **方塊 \ 溶解、長條 \ 百葉窗** 效果，並設定 **時間長度**：「00:00:00:20」、轉場特效方式：**交錯轉場特效**。

10. 最後，於 🖼 **媒體** 面板 **背景音樂**，選擇合適的音樂下載並拖曳至 **音訊軌2** 擺放對齊起始處，再修剪與專案相同的時間長度，並利用音量控制點在結尾做出音量淡出的效果，即完成作品。

09

海底世界漫畫風格短片

子母畫面打造多重拼貼

√ 影片構思

√ AI 人物特效與自動物件偵測

√ 設計分鏡格子

√ 設計影片子母畫面特效

√ 自訂動態 "閃爍星星" 子母畫面物件

√ 自訂動態 "輻射線" 子母畫面物件

√ 加上聲色十足的效果

9-1 影片構思

這個作品要在影片中加入漫畫的巧思，如：分鏡格子的切割方式、貼網點、加輻射線...等，另外增加動態的對話雲文字特效，讓影片呈現出漫畫畫面的張力與趣味。

●●●● 作品搶先看

設計重點：

先利用 AI 特效營造影片的特殊質感，再運用各式各樣的子母畫面物件為影片加上合適的插圖或對話雲，最後以自製的動態輻射線子母畫面物件設計出有趣的影片。

參考完成檔：

<本書範例\ch09\完成檔\produce09.wmv>

●●●● 製作流程

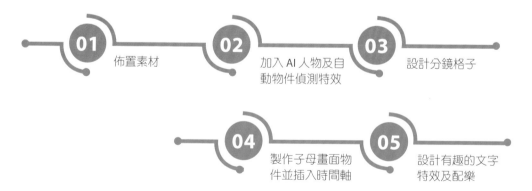

01 佈置素材

02 加入 AI 人物及自動物件偵測特效

03 設計分鏡格子

04 製作子母畫面物件並插入時間軸

05 設計有趣的文字特效及配樂

AI 人物特效與自動物件偵測

9-2

典型的漫畫風格影片通常會運用活潑、生動且有趣的特效，以營造獨特的氛圍。透過 AI 人物特效和動作追蹤效果的設計，輕鬆創造出與眾不同的風格，帶來新鮮且引人入勝的視覺效果。

匯入並佈置素材

開啟威力導演 16:9 新專案，接下來將作品所需的素材匯入。

STEP 01 於 📇 **媒體** 面板按 📤 **匯入 \ 匯入媒體檔案** 開啟對話方塊，於範例原始檔資料夾按 Ctrl 鍵不放選取如下需要的素材後，按 **開啟** 匯入。

STEP 02 於 📇 **媒體** 面板選取 **09-01.wmv**，再按 Ctrl 鍵不放一一選取 **09-02.wmv ~ 09-05.wmv** 影片素材並拖曳至時間軸 **視訊軌1** 起始處擺放。

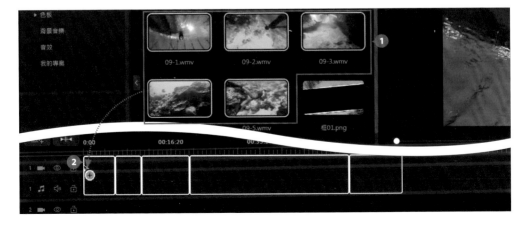

AI 人物特效

利用 AI 技術快速將出色的視覺效果，套用至移動的人物或物件上，創造出令人驚豔的分身或是描邊...等效果。

 時間軸 **視訊軌1** 選取 **09-5** 影片素材，於 **特效** 面板按 **人物特效**。

STEP 02 清單中按任一特效，即可在右側預覽畫面中看到套用後的效果。

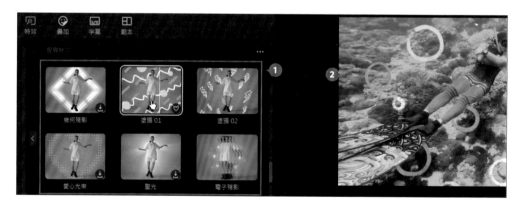

小提示

套用多個人物特效

每一個影片素材的 **人物特效** 最多可以套用至 7 個，過程中需考量套用數量與硬體效能，畢竟過多的人物特效，可能會在預覽時嚴重影響播放速度。

STEP 03 按合適的人物特效，接著按滑鼠左鍵不放拖曳至時間軸 **09-5** 影片素材上放開，完成套用。

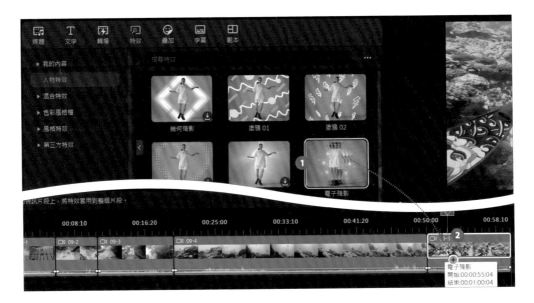

STEP 04 在 **09-5** 影片素材選取狀態下，按 **特效**，於 **特效設定** 面板中可拖曳各項目滑桿調整特效強度；按 ▷ 可預覽套用完成後的影片效果，設定完成後於面板按右上角 ⊠ 關閉。

AI 自動物件偵測特效

套用 **風格特效** 後,再利用 **自動選取物件** 功能讓效果只套用在移動的人物或物件上,形成一種另類的視覺效果。

 時間軸 **視訊軌1** 選取 **09-2** 影片素材,於 **特效** 面板按 **風格特效 \ 樣式**。

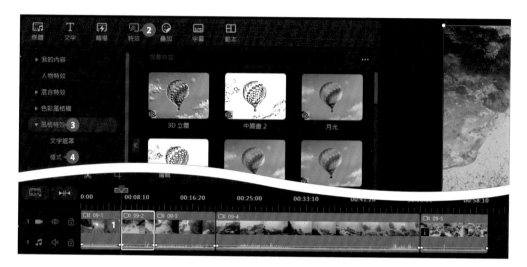

STEP 02 清單中按任一特效,即可在右側預覽畫面中看到套用後的效果。按合適的特效,接著按滑鼠左鍵不放拖曳至時間軸 **09-2** 影片素材上放開,完成套用。

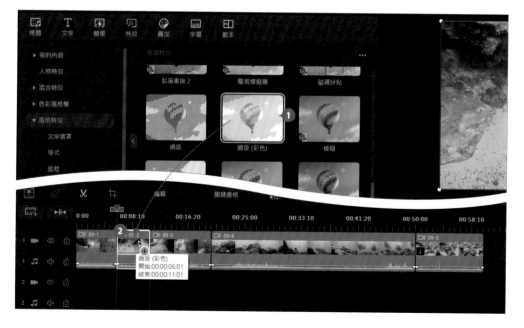

STEP 03 在 **09-2** 選取狀態下，按 **特效**，於 **特效設定** 面板按 **自動物件選取** 即會自動將特效套用在移動的主體上，再核選 **反轉遮罩區域**，將套用的區域變成是主體以外的範圍。

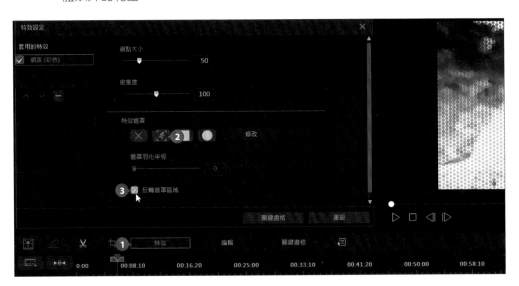

STEP 04 拖曳各項目滑桿調整特效強度 (依不同的風格特效有不同的設定項目)，可按 ▷ 預覽套用完成後的影片效果，設定完成後於面板按右上角 ⊗ 關閉。

小 提 示

移除或調整特效

與 **人物特效** 一樣，每一個影片素材的 **風格特效** 最多可以套用至 7 個，當套用多個特效時，可以透過 **特效設定** 面板左側欄位中核選欲使用或不使用的特效；在選取特效名稱後，按 ∧ **上移**、∨ **下移** 可調整特效套用的順序；按 ⊖ **移除** 可刪除不想使用的特效。

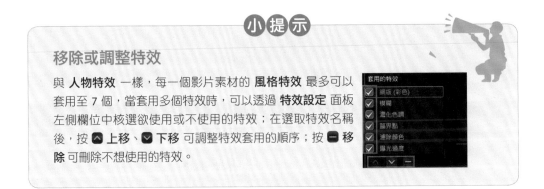

設計分鏡格子

9-3

分鏡格子是漫畫中常見且重要的技巧之一，也是吸引觀眾並引起他們長時間停留的重要元素。當搭配其他動畫元素或文字時，能更進一步加強影片的情感表達和生動活潑感。

加入分鏡框

首先要整理時間軸中的軌道，以方便後續加入分鏡格子與其他相關素材，再陸續於時間軸 **視訊軌3** 加入指定的分鏡格子。

STEP 01 於 **媒體** 面板按 **框01.png** 圖片素材，拖曳至時間軸 **視訊軌2** 起始處擺放。

STEP 02 依照相同方式，於時間軸 **視訊軌2** 分別加入 **框02 ～ 框04** 圖片素材，並各別對齊上方 **09-2** 與 **09-4 ～ 09-5** 影片素材起始處。

除了直接拖曳分鏡格子的圖片至時間軸，也可將時間軸指標移至起始處，再按 ▶ **播放** 瀏覽內容，當看到要再加入分鏡格子圖片的合適時間點時，按 ❚❚ **暫停**。

 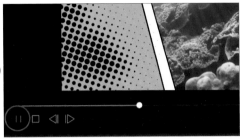

STEP 03 將滑鼠指標移至時間軸 **視訊軌2** 的 **框01** 圖片素材後方呈 ⏷ 狀，按滑鼠左鍵不放，往右拖曳至對齊上方 **09-1** 影片素材結尾處，按 **僅修剪**。再依相同方式，如下圖調整各分鏡 **框02 ~ 框04** 圖片素材的時間長度。

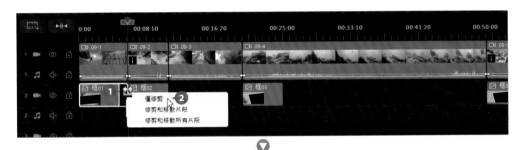

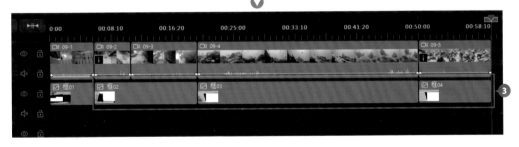

小提示

動手設計自己的分鏡框

一開始匯入的元素中，已預先依影片 16:9 的比例設計了四款分鏡格子圖片素材 (1280 × 720 像素)，如果你也想要自己動手設計，需特別要注意的是，格子圖片中要播放影片的區塊需設計為透明的，且儲存為 PNG 格式圖片檔，這樣插入影片時間軌時，後方的影片才能順利的於透明區塊中呈現。

調整分鏡格子以符合影片

STEP 01 完成前面分鏡格子的加入後,要稍加調整影片最後相片素材的大小:於時間軸 **視訊軌2** 選取 **框03** 相片素材,再於預覽視窗按一下 🔍 **縮放 \ 25%**,讓預覽畫面縮小一些,以方便後續的調整動作。

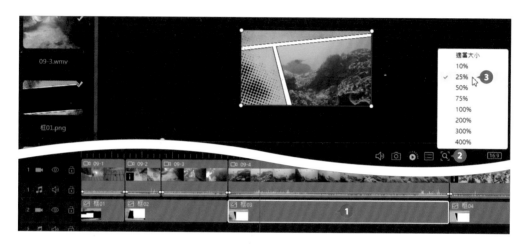

STEP 02 將滑鼠指標移至預覽視窗中相片素材的控點上呈 ↖ 狀時,按滑鼠左鍵不放拖曳放大相片素材。(調整好後可再將預覽視窗再設定為:**適當大小**)

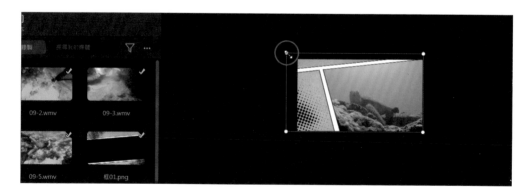

STEP 03 依相同方式,於時間軸 **視訊軌2** 選取 **框04** 相片素材,如圖調整至合適大小。(調整好後可再將預覽視窗再設定為:**適當大小**)

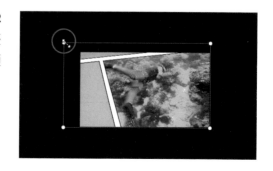

設計子母畫面特效

9-4

所謂的子母畫面，就是在原有的影片上加上一個新的視訊軌，它可顯示圖片或是影片檔，看起來就如同有兩個畫面。

插入子母畫面物件

訊連科技的線上資源平台 DirectorZone，提供許多威利導演相關的子母畫面物件可免費下載使用，藉此幫影片加上一些有趣的效果。

 於時間軸 **視訊軌3** 再加入二個子母畫物件增添影片的豐富性：於 ⚫ **疊加** 面板按 **我的內容 \ 下載項目**，再按 **免費範本**，開啟 DirectorZone 網站，找到並下載合適的子母畫面物件 (在此示範下載 **dfdfd**、**Facebook**，下載說明可以參考 P2-18)。

 拖曳 **dfdfd** 子母畫面物件至時間軸 **視訊軌3** 起始處擺放，並按 ⚫ 調整時間長度為「00:00:06:01」，按 **確定**。

依相同方式，拖曳另一個 **Facebook** 子母畫面物件至時間軸 **視訊軌3** 對齊 **框04**
(或 **09-5** 影片素材) 起始處擺放，然後如下圖調整 **Facebook** 子母畫面物件時間
長度。

STEP 03 選取 **dfdfd** 物件，按 **編輯**，在 **貼圖** 標籤按 **位置/大小/翻轉** 中取消核選 **維持顯示比例**。

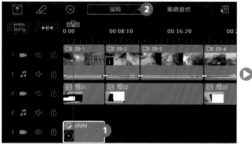 

STEP 04 由於 **dfdfd** 物件本身有些扁長，所以將滑鼠指標移至右側控點呈 ↔ 狀時，往右拖曳讓它接近正圓形，最後再利用控點調整大小並移動至畫面中間位置。

 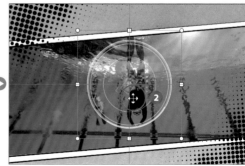

建立動作路徑

接下來利用 **動作** 標籤為子母畫面物件設計一個專屬的動作路徑，在此運用前面加入 **視訊軌3** 的 **Facebook** 物件設計出由上而下移動且於特定位置會有縮放效果的動作。

 於時間軸 **視訊軌3** 選取 **Facebook** 物件，按 **編輯**，再按 **進階模式** 開啟視窗。

 於 **內容** 標籤 \ **物件設定** 設定此子母畫面物件的 **比例** \ **寬度**：「0.40」。(核選 **維持顯示比例**，可以讓物件以等比例縮放避免變形。)

 於 **動作** 標籤 \ **路徑** 按 **由上漸進至下** 路徑樣式。(如出現警告對話方塊按 **是**，讓子母畫面物件套用該動作效果。)

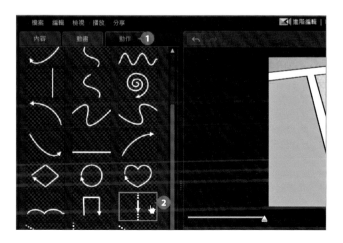

由於此子母畫面物件要設計在影片左側,將滑鼠指標移至物件上呈 ✣ 狀,拖曳移動至如圖位置擺放。(可利用按 ← 方向鍵來多移動路徑)

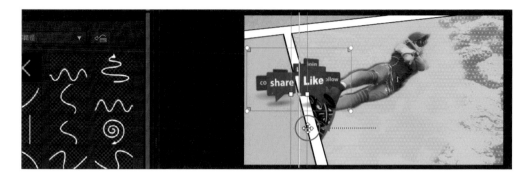

接著利用關鍵畫格調整子母畫面物件移動位置。於時間軸 **位置** 軌按第 2 個關鍵畫格,往左拖曳該畫格至約「00:00:03:00」時間點,再於時間軸 **位置** 軌按第 3 個關鍵畫格,往左拖曳該畫格至約「00:00:05:00」時間點。

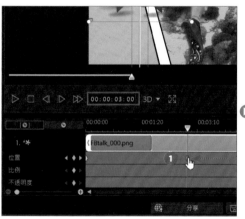 

於時間軸 **位置** 軌按第 4 個關鍵畫格,往左拖曳該畫格至約「00:00:06:15」時間點。(被選取的關鍵畫格會呈紅色)

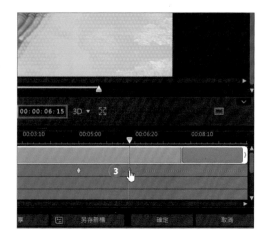

STEP 06 於時間軸 **位置** 軌按第 2 個關鍵畫格，於 **內容** 標籤 \ **物件設定** 設定此子母畫面物件的 **位置 \ Y**：「0.600」，再於 **比例** 按 ◆ **新增/移除目前的關鍵畫格**。

STEP 07 於時間軸 **位置** 軌按第 3 個關鍵畫格，設定此子母畫面物件 **位置 \ Y**：「0.300」，於 **比例** 按 ◆ **新增/移除目前的關鍵畫格**。

STEP 08 最後，於時間軸 **位置** 軌按第 4 個關鍵畫格，於 **內容** 標籤 \ **物件設定** 設定此子母畫面物件的 **位置 \ Y**：「1.500」，完成後按 ▷ **播放** 觀看效果，如果需要調整的話，只要按時間軸上的關鍵畫格即可微調該畫格，再按 **確定** 回到威力導演編輯畫面，於面板按右上角 ✕ **關閉**。

自訂動態 "閃爍星星" 子母畫面物件

如果預設的子母畫面物件中，並沒有想要的圖案時，可以自己建立一個新的子母畫面物件，並量身設計出你想要的動態效果。首先利用 **動作路徑** 與 **不透明度** 功能設計星星圖案一閃一閃的動畫效果。

STEP 01 於 **疊加** 面板按 **從圖片建立新的疊加物件 \ 2D 貼圖**，選取範例原始檔 <自訂疊加物件 \ 星星.png> 圖片檔 (已去背完成的 PNG 圖片)，按 **開啟**。

STEP 02 於 **進階編輯** 視窗中，先將子母畫面物件縮放至合適的大小，再於 **動作** 標籤 \ **路徑** 按如下圖的路徑套用。

STEP 03 由於此子母畫面物件要設計在影片左側，因此多按幾下 ← 方向鍵讓物件與綠色的動作路徑往左一起移至如圖位置擺放，再將滑鼠指標移至子母畫面物件的右側控點上呈 ↔ 狀時，如下圖拖曳調整路徑形狀。

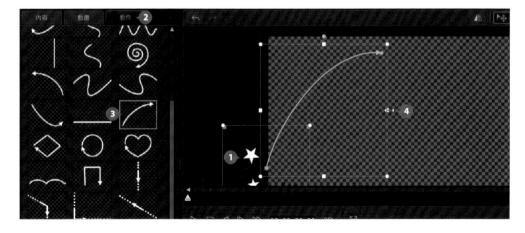

拖曳時間軸指標至起始處，於 **不透明度** 軌按 ◆ **新增/移除目前的關鍵畫格** 鈕，建立第 1 個關鍵畫格，再移動時間軸指標並以約每 15 個畫格的間距陸續新增其他關鍵畫格，如下圖完成 11 個關鍵畫格的新增。(關鍵畫格之間的距離透過目視建立大約位置即可)

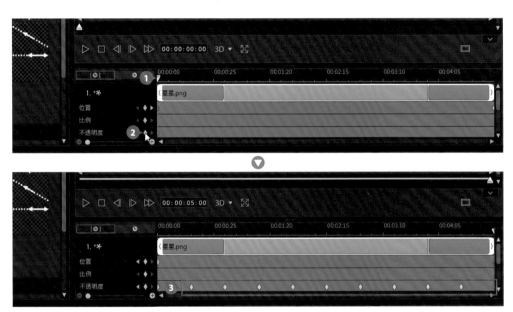

 於時間軸 **不透明度** 軌按第 1 個關鍵畫格，於 **內容** 標籤 \ **物件設定** 設定 **不透明度**：「0%」，接著再按第 3 個關鍵畫格，同樣設定 **不透明度**：「0%」。

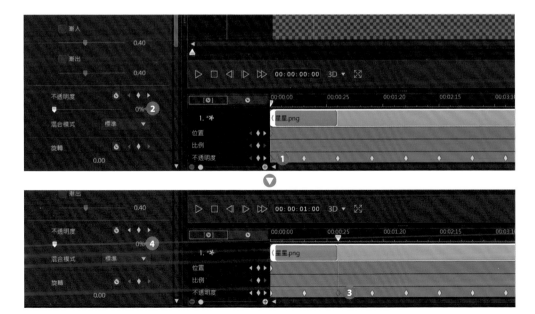

依相同方式，為 5、7、9、11 關鍵畫格設定 **不透明度**：「0%」，完成後可按 ▶ **播放** 觀看效果，按 **確定**，輸入自訂範本名稱後，再按 **確定** 回到威力導演編輯畫面。

 於 ⊙ **疊加** 面板按 **我的內容 \ 自訂**，即可看到所有自訂完成的子母畫面物件。(往後其他專案製作時，這些自訂項目即成為預設媒體庫中的素材，並不會限制只能在本作品使用。)

小提示

修改子母畫面物件

新增好的子母畫面物件如果需要再重新編輯，可以於 ⊙ **疊加** 面板按 **自訂**，按欲修改的物件，面板右上角再按 ⬛ \ **疊加屬性**，即可開啟 **進階編輯** 視窗編修該物件。
(或是直接於物件連按二下滑鼠左鍵也可以開啟視窗)

STEP 08 將自訂的子母畫面物件加入影片中：於 ⊙ **疊加** 面板按 **自訂**，拖曳 **閃爍星星** 子母畫面物件至時間軸 **視訊軌3**「00:00:25:01」時間點。

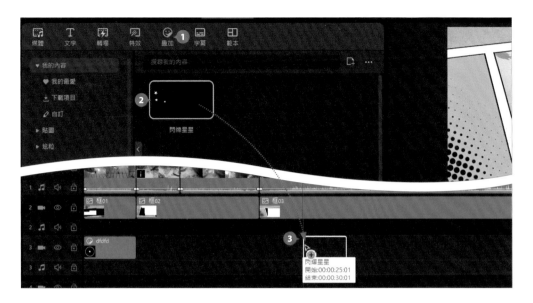

STEP 09 最後，微調自訂子母畫面物件的角度與路徑以符合的影片內容：

在選取 **閃爍星星** 子母畫面物件狀態下，按 **編輯**，再按 **進階模式** 開啟視窗。

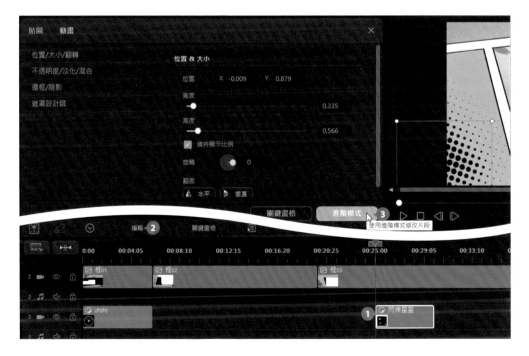

STEP 10 按 **動作** 標籤，將滑鼠指標移至綠色路徑的起始、結束控點上呈 ✛ 狀時，按滑鼠左鍵不放拖曳可調整路徑控點的位置。

將滑鼠指標移至綠色路徑上呈 ✛ 狀時，按滑鼠左鍵不放拖曳可調整路徑弧度。

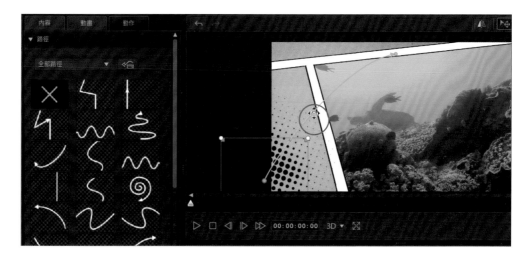

STEP 11 滑鼠指標移至綠色路徑旁呈 ✥ 狀時，按滑鼠左鍵不放拖曳即可移動整個動作路徑 (若以滑鼠拖曳不好移動時，可試試鍵盤方向鍵)。

STEP 12 按 **內容** 標籤，再將滑鼠指標停留物件角落的控點呈 ↻ 狀時，按滑鼠左鍵不放向右或向左拖曳旋轉可調整角度。完成調整好後，可按 ▶ **播放** 觀看效果，再按 **確定** 回到威力導演編輯畫面。

自訂動態 "輻射線" 子母畫面物件

在漫畫風格中常見以 "輻射線" 來強調令人驚訝或需注目的事物，繼續設計一個動態的輻射線子母畫面物件，將利用到 **比例** 值的設定。

STEP 01 於 ⊙ **疊加** 面板按 ⊡ **從圖片建立新的疊加物件 \ 2D 貼圖**，選取範例原始檔 <自訂疊加物件 \ 輻射線.png> 圖片檔 (已去背完成的 PNG 圖片)，按 **開啟**。

STEP 02 拖曳時間軸指標至起始處，於 **比例** 軌按 ◆ **新增/移除目前的關鍵畫格**，建立第 1 個關鍵畫格，再移動時間軸指標並以約每 15 個畫格的間距陸續新增其他關鍵畫格，如下圖新增 11 個關鍵畫格。

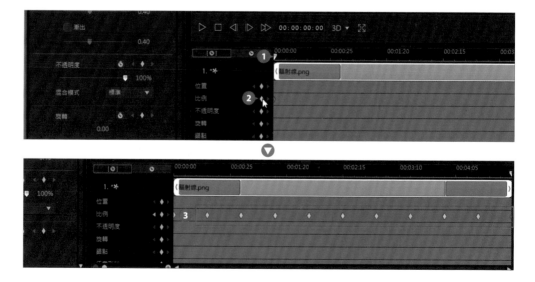

STEP 03 於時間軸 **比例** 軌按第 2 個關鍵畫格，於 **內容** 標籤 \ **物件設定** 設定 **比例 \ 寬度**：「1.500」、**高度**：「1.500」，接著再按第 4 個關鍵畫格，設定相同的比例，依相同方式，完成 6、8、10 關鍵畫格的設定。

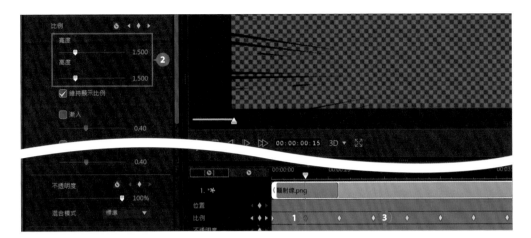

STEP 04 完成後可按 ▶ **播放** 觀看效果，再按 **確定**，輸入自訂範本名稱後，按 **確定** 回到威力導演編輯畫面。

STEP 05 將自訂的子母畫面物件加入影片中：於 ⊙ **疊加** 面板按 **我的內容 \ 自訂**，拖曳 **放射線** 子母畫面物件至時間軸 **視訊軌3**「00:00:35:00」時間點，完成全部子母畫面特效的設計。

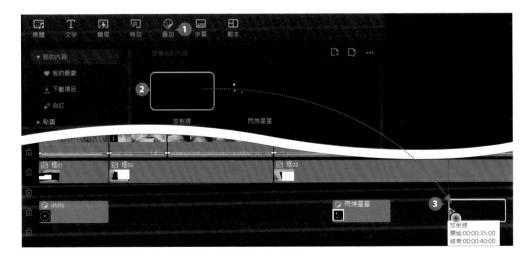

加上聲色十足的效果

9-5

漫畫風格趣味短片,至目前已完成了大部分的效果與物件,最後再為影片加上活潑的開場文字、對話框文字與背景音樂。

片頭與對話框文字

利用 **文字** 預設的文字特效,可以為影片增添有趣的畫面說明。

STEP 01 於 **T 文字** 面板按 **文字 \ 純文字 \ 波浪** 文字特效,按滑鼠左鍵不放拖曳至下方時間軸 **音軌3** 下方最左側影片起始處,再放開滑鼠左鍵,即會自動產生新的 **視訊軌4**。

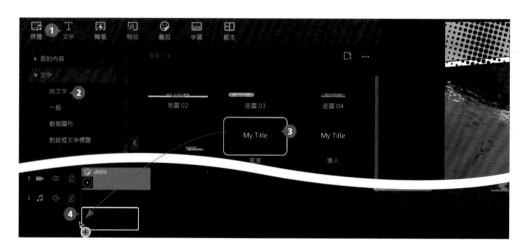

STEP 02 選取 **視訊軌4** 的文字特效,按  設定時間長度:「00:00:06:01」,按 **確定** 完成變更,接著再按 **編輯** 開啟面板。

STEP 03 修改文字內容，設定合適字型、字型大小，於 **預設風格** 中按合適的樣式套
用，並擺放至合適的位置，完成後可按 ▷ **播放** 觀看效果，最後於面板按右上
角 ✕ **關閉**。

STEP 04 設計第一個對話框文字：於 🌀 **文字** 面板按 **文字 \ 對話框文字標題**，清單中按
合適的文字特效，並拖曳至時間軸 **視訊軌4**「00:00:20:02」時間點。

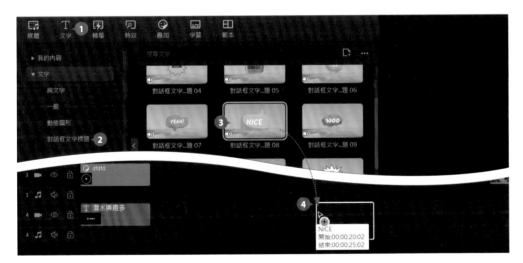

STEP 05 選取 **視訊軌4** 的文字特效，按 **編輯** 開啟面板。

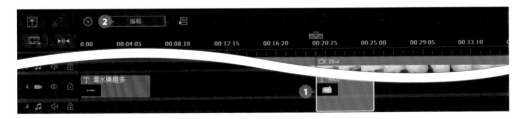

修改文字內容，設定合適字型及樣式，按 **圖形群組** 第一個顏色縮圖開啟對話方塊，於 **基本色彩** 清單中按合適的顏色套用，再利用右側的滑桿來調整色彩的深淺，按 **確定** 完成顏色變更。

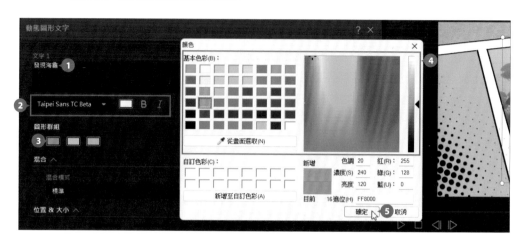

 依相同方式，完成其他 **圖形群組** 顏色的變更。

 接著於 **位置 & 大小** 項目拖曳 **寬度** (或 **高度**) 的滑桿，縮放對話框文字標題物件至合適的大小，再拖曳 **旋轉** 滑桿調整物件的角度。

STEP 09 為確保對話框文字標題於影片中完整呈現，不會產生影片在電視上播放時被切掉的問題。於預覽畫面下方按 🔲 \ **電視安全框** \ **開**，將滑鼠指標移至物件上呈 ✛ 狀，拖曳移動至如圖位置擺放。

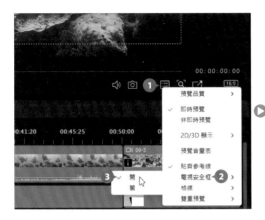

STEP 10 設計第二個對話框文字：於 **T** **文字** 面板按 **文字** \ **對話框文字標題**，清單中按合適的文字特效，並拖曳至時間軸 **視訊軌4** 「00:00:43:00」時間點。

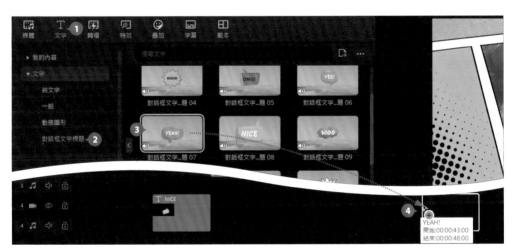

STEP 11 選取 **視訊軌4** 的文字特效，按 **編輯** 開啟面板。

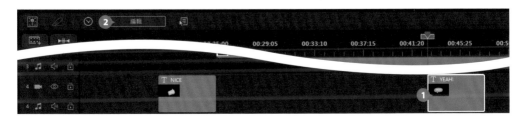

STEP 12 修改文字內容，設定合適字型及樣式，再依相同方式，完成其他 **圖形群組** 顏色的變更。

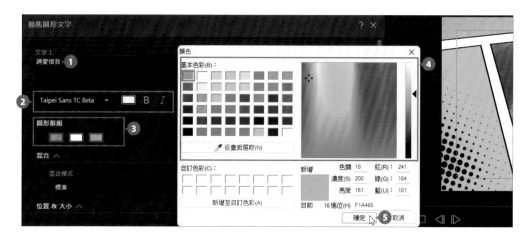

STEP 13 接著於 **位置 & 大小** 項目拖曳 **寬度** (或 **高度**) 的滑桿，縮放對話框文字標題物件至合適的大小，再拖曳 **旋轉** 滑桿調整物件的角度，最後將滑鼠指標移至物上呈 ✛ 狀，拖曳移動至如圖位置擺放，完成按面板右上角的 ✖ **關閉**。

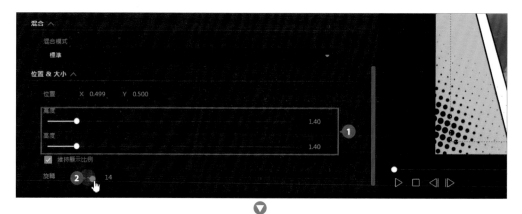

背景配樂

最後搭配輕快的配樂，讓漫畫影片從頭到尾充滿輕快與趣味的氛圍。

 拍攝影片時，會錄下現場的人、車聲...等雜音，若不是刻意錄製，建議可將這些聲音先設定為靜音。於時間軸 **音軌1** 按 🔊 **啟用/停用此軌道** 呈 🔇 狀，停用此軌道，讓全部影片以靜音的方式呈現。

 將滑鼠指標移至片頭專案起始處，於 🖼 **媒體** 面板 **背景音樂** 按合適的音樂類型，清單中音訊名稱左側按 ▶ 可聆聽音樂，找到合適的音訊後按 ⬇ 下載至媒體庫。(在此示範下載 **Bam Cat.wav** 音訊素材)

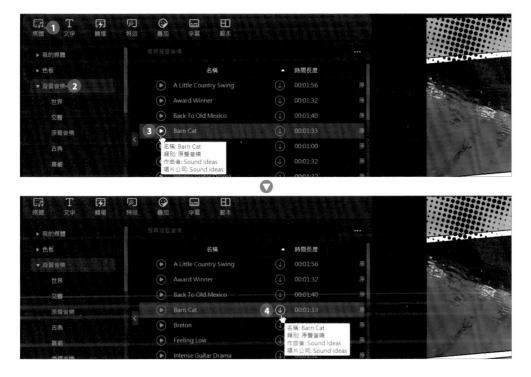

STEP 03 按滑鼠左鍵不放，拖曳剛剛下載完成背景音樂至下方時間軸 **音軌2** 最左側起始處，再放開滑鼠左鍵插入音訊。

STEP 04 按 ◄▮► 檢視整部影片，將滑鼠指標移至音訊素材結尾處呈 ⚒ 狀，往左拖曳縮短此段音訊素材時間長度，對齊 **09-5.wmv** 影片素材結尾處，按 **僅修剪**。

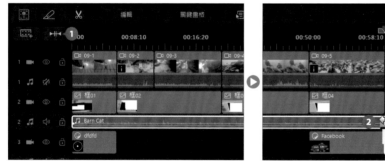

STEP 05 按 Ctrl 鍵不放，於藍色水平線，新增二個音量控制點，再按 Ctrl 鍵不放，拖曳結尾的音量控制點至最下方，讓配樂有淡出效果。如此即完成此影片的設計，別忘了儲存作品。

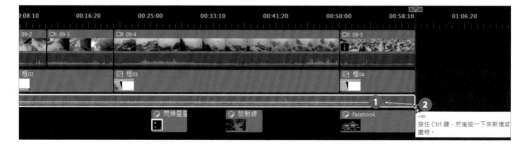

延伸練習

一、選擇題

1. (　　) 每個影片素材最多能套用幾個特效？

    A. 5 個　B. 6 個　C. 7 個

2. (　　) 如果要在 **進階編輯** 視窗中新增關鍵畫格，可以按以下哪個功能？

    A. 🔍　B. ◆　C. 🕐　D. ⊠

3. (　　) 以下哪個項目不可以建立疊加物件？

    A. **2D 圖片**　B. **形狀**　C. **繪圖動畫**　D. **混合特效**

4. (　　) 分鏡框在設計時，除了影片播放區塊要透明，還需儲存為什麼檔案格式？

    A. JPG　B. PNG　C. TIFF　D. GIF

5. (　　) 按以下哪一個按鈕，可以開啟電視安全框？

    A. 🔍　B. ▦　C. 🎛　D. 🔗

二、實作題

請依如下提示完成「慢跑樂活」作品。

1. 開啟 16:9 新專案，匯入 <09-1.wmv>~
    <09-3.wmv> 及 <框01.png>~<框03.png>
    素材，並拖曳 <09-1.wmv>~<09-3.wmv>
    到時間軸 **視訊軌1** 對齊起始處。

2. 時間軸 **視訊軌1** 選取 **09-1** 影片素材，
    於 **特效** 面板套用 **人物特效 \ 動作軌
    跡**，再利用 **特效設定** 面板中調整滑
    桿調整出合適的特效。

3. 依相同方法，選取時間軸 **視訊軌1** 選取 **09-2** 影片素材，套用 **閃電** 人物特效，再利
    用 **特效設定** 面板中調整滑桿調整出合適的特效。

4. 選取時間軸 **視訊軌1** 選取 **09-3** 影片素材，於 **特效** 面板套用 **風格特效 \ 樣式 \ 放射
    狀模糊**。

5. 接著於 **特效設定** 面板設定 **程度**，再按 **自動物件選取**，並核選 **反轉遮罩區域**。

6. 於 **視訊軌2** 起始處加入 **媒體** 面板的 **框01.png**，再拖曳結尾處使時間長度與 **09-1** 影片時間長度相同，再依相同方式，分別加入 **框02.png**、**框03.png** 圖片素材，並與其他影片素材時間相同。

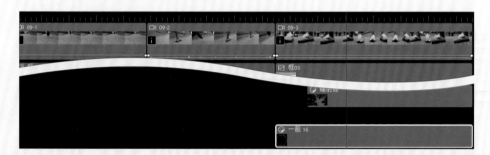

7. 於 **視訊軌3** 加入自製的 **輻射線.png** 子母畫面物件，時間長度「00:00:05:00」，並與 **09-3** 的結尾處對齊；於 **視訊軌4** 加入 **貼圖 \ 一般 \ 一般 16** 子母畫面物件，時間長度「00:00:05:28」，對齊 **09-3** 的起始與結尾處。

8. 插入對話框文字標題：拖曳 **文字 \ 對話框文字標題 \ 對話框文字標題 09** 文字特效至 **視訊軌 3** 約「00:00:03:26」，對齊 **09-2** 影片素材的時間長度；利用 **動態圖形文字** 面板設定合適的字型、圖形群組色彩、大小、角度...等調整項目，最後拖曳至合適的位置擺放。

9. 設計片頭片尾文字：於 **視訊軌3** 起始處加入 **文字 \ 動態圖形 \ 動態圖形 001** 文字特效，修改文字 (參考 <文案.txt>)，再調整時間長度「00:00:04:01」，對齊 **09-1** 影片素材結尾處；於 **視訊軌5** 加入 **文字 \ 純文字 \ 波浪** 文字特效，時間長度「00:00:05:28」，修改文字為「謝謝觀看」與樣式，再對齊 **09-3** 影片素材起始與結尾處。

10. 插入配樂：停用時間軸 **音軌1**，讓全部影片以靜音方式呈現。於 **媒體** 面板 \ **背景音樂** 找到合適的音訊後下載，並插入至 **音軌2** 起始處，透過拖曳方式調整時間長度，並用音量控制點調整配樂淡出效果，如此即完成此影片設計，別忘了儲存作品。

10

掌鏡微電影

多機剪輯與後製的技巧

10-1 影片構思

拍攝微電影需要花費較長時間準備，對首次體驗的人來說是很有挑戰性的，可尋找一些精彩或是有趣的流行影片模仿學習，學會如何設計場景以及後製剪輯。

●●●● 作品搶先看

設計重點：

構思故事劇本架構，場景的設定及畫出分鏡表腳本，找尋配合演出的演員及助手，即可開始拍攝所有場景，最後再利用威力導演剪輯影片。

參考完成檔：

<本書範例\ch10\完成檔\Produce10.wmv>

●●●● 製作流程

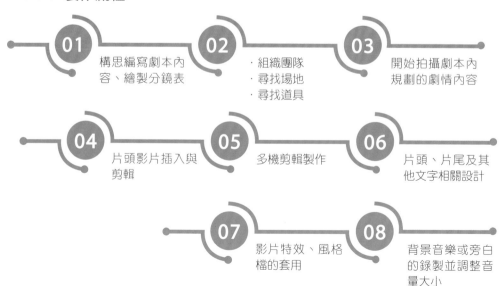

01 構思編寫劇本內容、繪製分鏡表

02
· 組織團隊
· 尋找場地
· 尋找道具

03 開始拍攝劇本內規劃的劇情內容

04 片頭影片插入與剪輯

05 多機剪輯製作

06 片頭、片尾及其他文字相關設計

07 影片特效、風格檔的套用

08 背景音樂或旁白的錄製並調整音量大小

最夯影片類型 "微電影"

10-2

微電影是頗具 "商業力" 的行銷利器，許多廣告或知名專輯行銷，都可以看見使用微電影置入宣傳的行銷手法，透過拍攝方式與充滿戲劇張力橋段，抓住觀眾們的目光。

近年來作品類型更具多元化，不再被感情類的劇情獨佔，惡搞類、紀實類...等都有亮眼的呈現，多元嘗試與創新題材，拓寬了媒體故事行銷的新格局。

目前網路速度快速發展，較長的網路影片也不用再花過多的時間來等待下載而失去興緻，同時目前行動裝置，例如：平板電腦、智慧型手機...等人手一機的狀況，也都是讓微電影日漸流行的因素。

什麼是微電影呢？一般而言包含了以下幾個特點：

· 影片時間長度不長 (3~15 分鐘)

· 必須擁有完整故事情節

· 將要傳達的理念與產品置入於影片中

因為微電影的架構完整，所以就像在看一部短篇電影，而 "電影" 這個名詞聽起來比較沒有像 "廣告" 來得那麼商業化，反過來說，如果是長達十分鐘的廣告，反而較不容易引起人的興趣。在知名影音平台 YouTube 上可以搜尋到許多好作品，一些近期頗具頗具話題性的微電影廣告：「爸爸的說明書」、「Uber Eats 一訂省」、「昨天與明天」...等，雖然它們都是屬於廣告性質的影片，不過正由於使用微電影的手法拍攝，不僅造成話題也吸引破百萬的點閱率。

【全國電子】爸爸的說明書
長年在外工作的孩子與父親之間的互動。
參考連結網址：https://ytvideo.psee.ly/5b2hsc

【新北市政府】昨天與明天
男孩與女孩之間許下青澀的約定。
參考連結網址：https://ytvideo.psee.ly/5chsgb

10-3 拍攝的前置作業

拍攝微電影之前，事先的準備是必須的，不管是劇本內容的編寫，或是分鏡表、演員的配合…等，都是缺一不可，有了這些穩紮穩打的基礎後，才能讓拍攝作業更加順利。

收集創意，發想故事主題

如果沒有故事可說，那就沒有電影可拍，不管要拍攝什麼樣類型的微電影，一定都要先有個故事情節才能開始，可以就身旁的人事物發想點子，想到什麼就先記錄起來，將點子與伙伴集思廣益，看看在大家的腦力激盪之下是否能發想出更多的想法。在一開始什麼都不懂的情況下，也可以參考一些熱門的、具話題性的作品，藉由模仿的練習學會架構故事與拍攝運鏡技巧。

選角與組織團隊

有了劇本，就要開始設定主角人物及選角，也得組織合作拍攝的團隊，安排時間行程與拍攝器材的準備也要同時進行，另外如果有資金方面的支出，也要同時編列好預算。

繪製分鏡表與勘景

分鏡表是前置作業裡最重要的部分，不管劇本寫得多麼精彩，畢竟也只是以文字來描述故事情節，如果要讓團隊中的伙伴了解你想傳達的畫面結構，必須利用分鏡表將想要表達的東西具體影像化，讓每個人都能輕易了解接下來的畫面該如何拍攝。

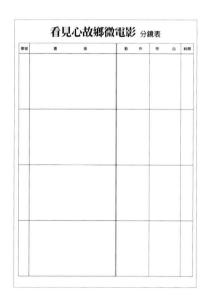

分鏡表中可以先列一些基本項目，像是分鏡號碼、畫面說明、動作說明、旁白、時間長度…等，讓拿到分鏡表的人能對此次要拍攝的作品有八、九分認識，剩下細節或是團隊分工合作的部分，就利用開會討論時分配完成，並提出合適的拍攝場景及搭配的服裝、道具。

最後拍攝完成的影片素材，要比分鏡表設定的時間長度更長，這樣才有多餘的空間可以剪輯出最佳的拍攝畫面。

片頭影片剪輯

10-4

修剪或調整影片片段，可以呈現更完美的演出。此部作品的片頭設計要以一光影穿透樹林間的畫面開場，再接續四段縮時影片與相片。

匯入所需素材

拍攝好所有的素材後，開啟威力導演 16:9 新專案，接下來再匯入微電影所需的素材。

STEP 01 於 **媒體** 面板按 匯入 \ **匯入媒體檔案** 開啟對話方塊，按 Ctrl + A 鍵選取所有範例原始檔後，按 **開啟**，如此便將該資料夾內事先整理好的素材一次匯入媒體庫，方便後續編輯使用。

STEP 02 於 **媒體** 面板選取 **10-01**，再按 Ctrl 鍵不放一一選取 **10-02.wmv ~ 10-05.wmv** 影片素材並拖曳至時間軸 **視訊軌1** 起始處擺放。

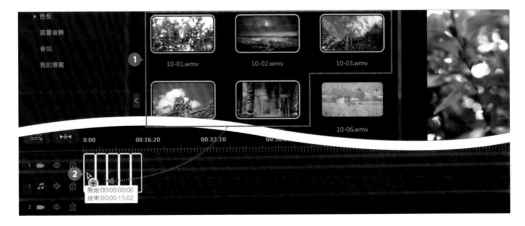

用關鍵畫格修補、加強影片片段

調整影片特定時間點的色調、光線、亮度、對比...等,為片頭設計由暗轉亮的視覺效果。

 於時間軸 **視訊軌1** 選取 **10-01** 影片素材,按 **關鍵畫格** 開啟面板。將時間軸指標移至「00:00:00:00」時間點,**調整** 的 **調整色彩** 設定 **曝光:「0」**、 **亮度:「-100」**;**調整光線** 設定 **程度:「0」**,該時間點影片會呈現無光線、無亮度。

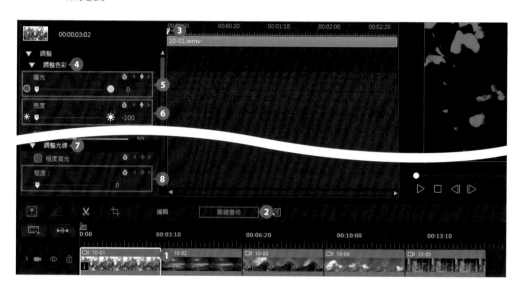

 將時間軸指標移至「00:00:03:00」時間點,在 **調整** 的 **調整色彩** 設定 **曝光:「122」**、 **亮度:「0」**;**調整光線** 設定 **程度:「50」**,該時間點影片會呈現正常亮度與較高的曝光。可按瀏覽畫面下方的 ▷ 預覽目前設計的影片效果,設定完成後於面板按右上角 ⊗ 關閉。

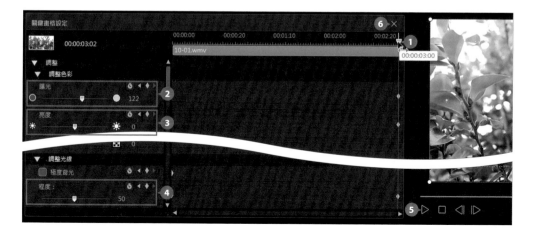

設計相片停格畫面的時間長度

接下來要為四張相片素材設定合適的時間長度。

 於 **媒體工房** 面板按 Ctrl 鍵不放，選取 **10-11.jpg ～ 10-14.jpg** 相片素材，接著按滑鼠左鍵不放拖曳至時間軸 **視訊軌1** 影片素材最後方擺放。

STEP 02 在四張相片素材選取狀態下按 ⬇ 設定時間長度：「00:00:00:22」，讓每張相片素材均呈現 22 畫格的時間，按 **確定** 完成。

調整相片大小以符合影片尺寸

相片素材比例不符合目前的影片尺寸時,可以利用控點縮放或移動。

 將時間軸指標移至 **視訊軌1** 的 **10-11** 影片素材上方,於預覽視窗按 \ **50%**,讓預覽畫面縮小一些,方便後續調整。

將滑鼠指標移至預覽視窗中相片素材的控點上呈 ↖ 狀時,按滑鼠左鍵不放拖曳到比目前影片畫面 (黑色區塊) 大一些後放開,再將滑鼠指標移至相片素材上呈 ✛ 狀時,按滑鼠左鍵不放拖曳至合適的位置擺放,讓相片素材填滿整個畫面。

STEP 03 依相同方式一一完成 **10-12 ~ 10-14** 相片素材的調整，調整至填滿畫面不露出黑幕部分。

旋轉相片角度

偶爾也有不小心把相片拍歪的時候，旋轉角度可修正這個問題。

 STEP 01 將時間軸指標移至 **視訊軌1** 的 **10-11** 影片素材上方，再將滑鼠指標停留預覽視窗中相片素材的角落的控點呈 ↻ 狀時，按滑鼠左鍵不放向右或向左拖曳旋轉。

 STEP 02 放開滑鼠左鍵即完成旋轉動作，若旋轉後相片無法填滿整個畫面，請再調整相片大小以符合影片尺寸。

10-5 多機剪輯設計師

有時取景會使用多台攝影機同時拍攝,以取得不同角度的精彩畫面,但整合影片時相當麻煩,透過 **多機剪輯設計師** 功能,可以自由比對影片內容,擷取想要的鏡頭角度輕鬆合成。

多機拍攝前置準備

此作品在現場準備了三台數位相機,分別架設在主角前進的路線左側、右側及正面,由導演一聲令下後,主角開始前進的同時三台數位相機也同步開始拍攝。一開始建議先排練幾次建立起團隊的默契,再正式拍攝。

認識與啟用多機剪輯設計師

多機剪輯設計師是利用多段影片 (多台設備同時拍攝),在匯入後利用指定視訊的方式擷取所需要的畫面。首先將時間軸指標移到 **視訊軌1** 素材最後方,於 媒體 面板按 Ctrl 鍵不放一一選取 **10-06.wmv ~ 10-08.wmv** 影片素材,按 工具 \ 多機剪輯設計師 開啟視窗。

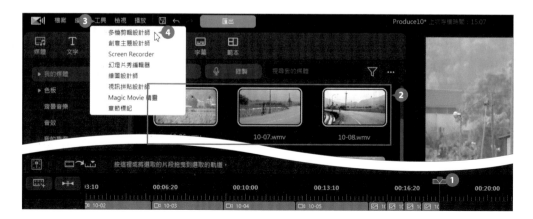

在 **多機剪輯設計師** 視窗中最多可以匯入四段不同攝影機拍攝的影片，在 **來源軌** 中也能包含一個以上的影片片段，而音訊方面則可以匯入單一或多個音訊檔搭配運用。

匯入視訊 / 匯入音訊　　視訊來源區（可匯入四段）　　同步類型　　　　　　　　　　　　　　　預覽畫面

來源軌　多機剪輯後視訊放置位置　　音訊來源　錄製 / 播放控制項　　　　輸出格式

指定輸出為單一視訊

多機剪輯設計師 視窗整合了 **單一視訊** 與 **視訊拼貼** 二種輸出方式，**單一視訊** 是傳統的多機剪輯設計師應用方式，而 **視訊拼貼** 則是藉由多機剪輯設計師同步音訊後，匯入視訊拼貼設計師接續編輯。此範例按 **單一視訊**，接續完成 **10-06 ~ 10-08** 影片素材的多鏡頭角度合成。

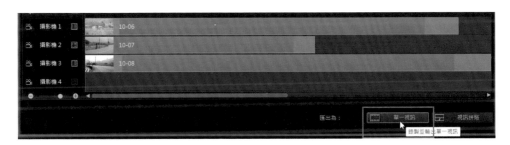

分析音訊並同步

雖然是同時間拍攝的影片素材，但是每個人開始錄製的時間點一定會有誤差，這時只要影片有收音，就可以利用 **音訊分析** 功能輕鬆同步影片。

 在 **多機剪輯設計師** 視窗按 **同步** 清單鈕**音訊分析**，按 **套用**，接著軟體就會自動分析音訊並同步 **來源軌** 上的影片素材整合時間點。

 完成後可看到 **來源軌** 上的三段影片素材已自動依背景聲音對應同步，按 ▷ **播放** 瀏覽，也可隨意按 **可用的視訊來源** 區的影片素材，於預覽畫面瀏覽所選定的攝影機畫面。

小 提 示

各種同步方式

同步 **多機剪輯設計師** 片段，可以指定的方式：

- **手動**：直接拖曳 **來源軌** 上的影片素材至新的時間點擺放。
- **時間碼**：套用後會依視訊片段的時間碼同步。
- **檔案建立時間**：套用後會依建立檔案的日期和時間點同步。
- **片段上的標記**：首先於 **來源軌** 上每個影片素材的關鍵畫格上按右鍵按 **設定標記** 設定標記，完成後按 **套用** 會自動將片段依所設定的標記畫格同步。

開始錄製多機拍攝的影片

開始錄製前,建議多練習一邊播放一邊切換視訊來源,先看完 STEP 01 三個需一口氣完成的動作後,再開始正式錄製。

STEP 01 先按 **1 號視訊來源**,按 ● **錄製** 開始錄製影片,此時可看到 **1 號視訊來源** 呈現紅色框框狀,錄製內容會在 **錄製軌** 產生。

接著待 **2 號視訊來源** 出現欲錄製的畫面時,馬上按 **2 號視訊來源** ,預覽畫面馬上變更為 **2 號視訊來源** 的畫面,而下方 **錄製軌** 也會馬上出現正在進行 **攝影機 2** 的錄製。

接著待 **3 號視訊來源** 出現欲錄製的畫面時,馬上按 **3 號視訊來源** 進行錄製,直到全部播放完畢自動停止錄製。

STEP 02 錄製完成後,按 ▷ **播放** 觀看結果是否滿意,如果不甚理想的話,可再按 ◉ **錄製** 重錄一次,完成後按 **確定** 回到威力導演主畫面。

STEP 03 於時間軸 **視訊軌1** 上可看到剛剛錄製好的多機影片片段,而素材上有 **MC1** 標示表示使用 **多機剪輯設計師** 所錄製的影片。

影片的色彩配對

10-6

不同設備拍出的影片在色彩或色調上一定有所不同，**色彩配對** 可以將影片或影像的色彩和色調值套用至另一個影片或影像，營造一致的風格。

此作品以 **10-06** 影片素材為調整參考，調整 **10-07** 與 **10-08** 影片素材的色彩和色調。

STEP 01 於時間軸 **視訊軌1** 上選取要調整的 **10-07** 影片素材，按 **編輯**，在 **視訊 \ 顏色標籤 \ 色彩配對**，再按 **色彩配對**。

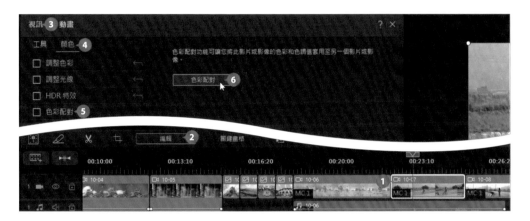

STEP 02 面板右側為欲調整的 **目標片段** 預覽畫面；左側則是 **參考片段** 的預覽畫面，於時間軸 **視訊軌1** 上按一下 **10-06** 影片素材，會成為 **參考片段** 素材。

確認 **參考片段** 素材無誤後，於面板左側按一下 **配色**，**目標片段** 就會立即套用 **參考片段** 的色彩與色調，拖曳下方 **色階**、**色調**、**飽和度**...等滑桿可調整套用效果強度，至合適數值後，按 **套用** 完成。

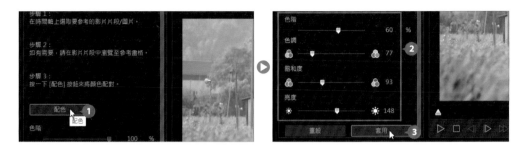

接著按 **調整色彩**，利用拖曳 **曝光**、**對比**、**飽和度**...等滑桿，依下圖示數值調整，將影片色彩加強。

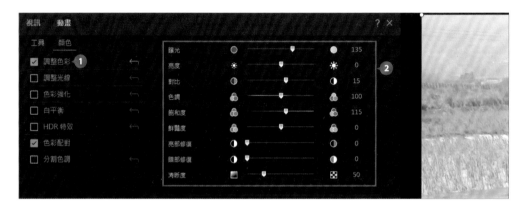

依相同方式，選取時間軸 **視訊軌1** 上 **10-08** 影片素材，使用 **色彩配對** 套用 **10-06** 影片素材的色彩和色調，最後如下圖調整 **調整色彩**，完成後面板按右上角 ✕ 關閉。

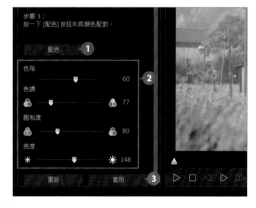 

片尾影片剪輯

10-7

接著加入片尾影片並剪輯與調整,那這部微電影作品中影片素材的後製剪輯就算完成了大部分。

剪輯影片的時間長度

此部作品,片尾預計是由二個影片片段串聯而成,在這裡利用 **修剪** 功能剪出最好的影片片段。

 於 📀 **媒體** 面板按 `Ctrl` 鍵不放按 **10-09.wmv**、**10-10.wmv** 影片素材並拖曳至時間軸 **視訊軌1** 素材最後方擺放。

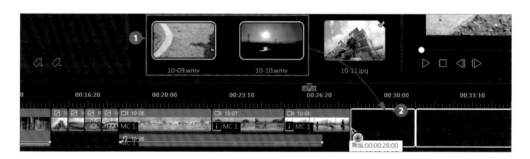

 於時間軸 **視訊軌1** 選取 **10-10** 影片素材,按 ✂ 為影片素材修剪出合適的畫面片段,拖曳即時預覽滑桿至「00:00:04:00」時間點,按 ▣ **結束標記**設定影片結束點,再按 **確定**。

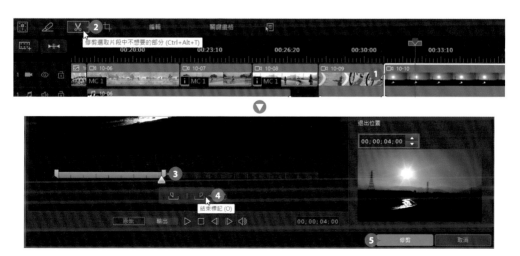

設定影片淡出的效果

最後畫面中，設計影片呈現淡出的效果，也能剛好與後續要設計的片尾字幕搭配，讓影片呈現完美的結束畫面。

 於時間軸 **視訊軌1** 上選取 **10-10** 影片素材，按 **編輯** 開啟面板。

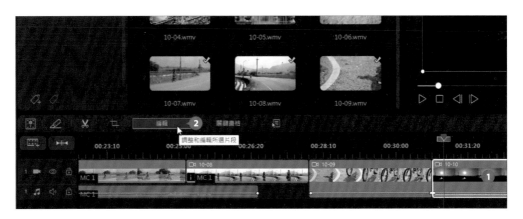

STEP 02 在 **視訊 \ 工具** 標籤中按 **不透明度/淡化/混合**，核選 **淡出**，按 ▶ **播放** 觀看結果是否滿意，最後於面板按右上角 ✕ **關閉** 完成。

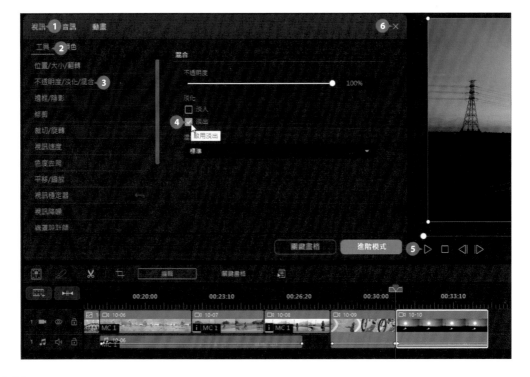

調整影片的播放速度

10-8

影片過長,使用正常速度播放觀看會覺得平淡無趣,如果想要調整影片速度,可適時的增添快動作或是慢動作效果。

此作品針對二段影片素材調整播放速度:

- 片頭:**10-01.wmv** 利用 "放慢" 播放速度,讓光影呈現慢慢出來的效果。

- 片尾:**10-09.wmv** 原來是想拍攝出主角騎車時忽然急停剎車的效果,可惜不管嘗試幾次拍攝都無法達到預期的效果,於是利用 "加快" 播放速度,呈現出 "急停" 的畫面。

 於時間軸 **視訊軌1** 選取 **10-01** 影片素材,按 **編輯** 開啟面板,在 **視訊 \ 工具** 標籤中按 **視訊速度** 開啟視窗。

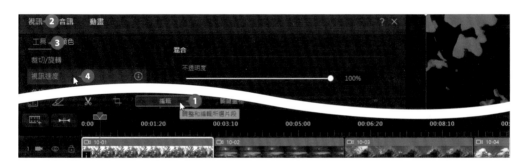

於 **整個片段** 標籤有 **新的視訊時間長度** 和 **加速器** 二種設定方式,原來影片素材的時間長度為「00:00:03:02」,在此於 **新的視訊時間長度** 中設定新的時間長度為「00:00:10:00」,讓影片以慢動作呈現,再按 **確定**。

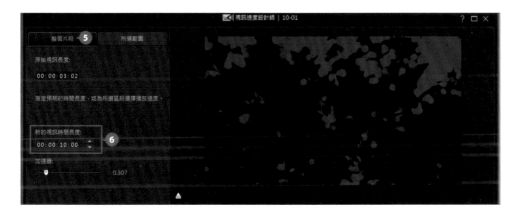

STEP 02 於時間軸 **視訊軌1** 選取 **10-09** 影片素材，按 **編輯** 開啟面板，在 **視訊 \ 工具** 標籤中按 **視訊速度** 開啟視窗。

為了要讓影片有 2 倍的播放速度，使用 **加速器** 功能加快影片速度，輸入 **加速器：「2.000」**，可再按 ▶ **播放** 觀看速度調整後的影片效果是否滿意，最後按 **確定**。

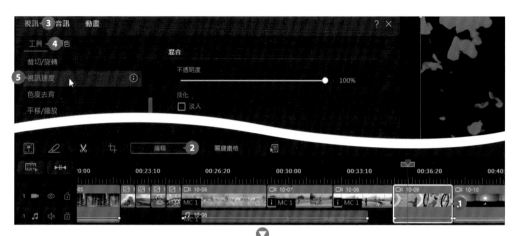

 STEP 03 完成以上二段影片播放速度的調整後，於面板按右上角 ✕ **關閉** 關閉。

加入文字

10-9

為了讓觀看者快速了解主題會加上片頭標題，也會為影片加上字幕述說內容強調重點，在此分別為作品加上 "片頭標題"、"字幕" 與 "片尾謝幕名單"。

設計進場片頭文字

 STEP 01 於 T 文字 面板按 **一般** 標籤，拖曳 **極限運動1** 文字素材至時間軸 **視訊軌2** 起始處。

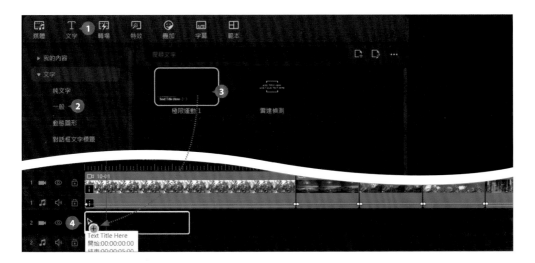

 STEP 02 因為片頭影片只有 10 秒，在片頭文字素材選取狀態下按 ⊙，設定為 10 秒，再按 **確定** 回主畫面，接著再按 **編輯** 開啟面板。

編輯文字前先開啟電視安全框，可以確保文字於影片中完整呈現，不會產生影片在電視上播放時文字被切掉的問題。於預覽畫面下方按 ▤ \ **電視安全框** \ **開**。

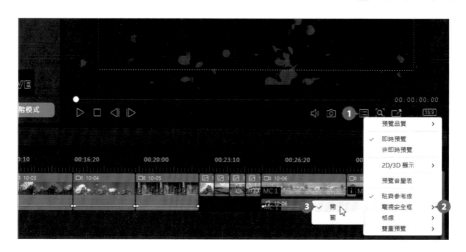

 編輯區欄位刪除預設文字後輸入：「Memories」。接著再次選取文字物件，於 **文字** 面板設定合適的字型、字型大小...等。

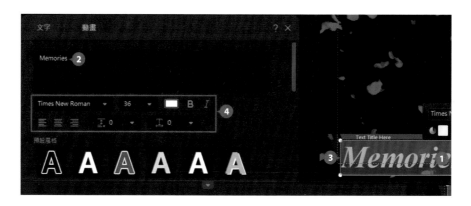

 依相同操作，選取副標題文字輸入：「看見心故鄉」，接著再次選取文字物件，於 **文字** 面板設定合適的字型、字型大小...等。

STEP 06 按 [Ctrl] 鍵不放選取二個文字物件及素材,再拖曳至合適的位置。

STEP 07 最後變更文字特效的效果,在二個文字物件選取的狀態下,按 **動畫** 標籤,設定 **進場:向右擦去**、**退場:向左擦去**。

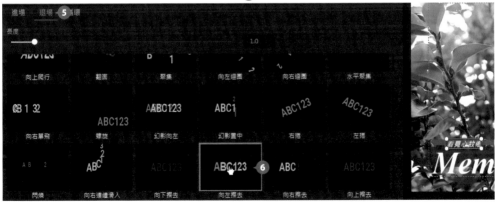

完成文字特效的修改後可再按 ▷ **播放** 觀看效果是否滿意,於面板按右上角 ✕ **關閉** 完成。

設計影片內容字幕

若影片沒有台詞或旁白註解，適時的搭配一些字幕，也能突顯影片的故事性。

STEP 01 於 ▶ **文字** 面板按 **文字 \ 純文字**，選擇合適的文字特效，此作品選擇 **波浪** 文字特效，拖曳至時間軸 **視訊軌2** 貼齊上一個文字素材的結束處。

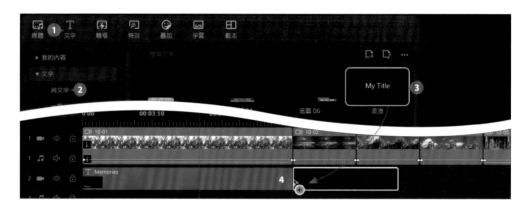

STEP 02 於時間軸按剛剛加入的文字特效，按 **編輯** 開啟面板，於 **文字** 面板編輯區欄位刪除預設文字再輸入：「從踏進故鄉的那刻起....」(可參考 <文案.txt>)，設定合適的字型、字型大小、字體色彩 ...等，接著拖曳文字物件至合適的位置。

按 **動畫** 標籤，設定 **退場：淡化**，最後於面板按右上角 ⊠ **關閉** 完成。

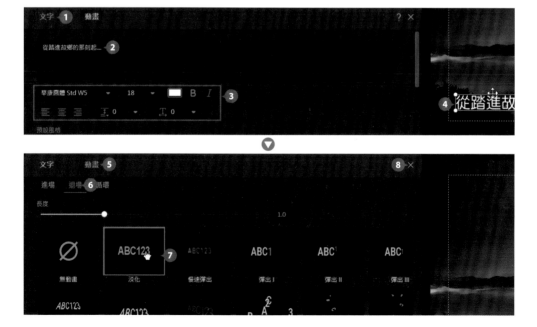

STEP 03 於時間軸 "從踏進故鄉..." 文字素材上按一下滑鼠右鍵，按 **複製**。接著於 **視訊軌1** 上選取 **10-06** 影片素材即將時間軸指標移至此影片素材起始處，再於 **視訊軌2** 按一下滑鼠右鍵，按 **貼上 \ 貼上並插入**，貼上剛剛複製的文字素材至此時間點。

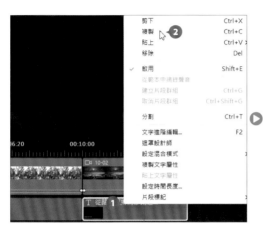

STEP 04 調整剛剛貼上的文字素材內容為：「聆聽自然的呼吸」，再按 ◉，設定為 8 秒，再按 **確定** 回主畫面。

STEP 05 最後，依相同操作，於 **10-09** 影片素材起始處貼上 "從踏進故鄉..." 文字素材，調整文字素材內容為：「每一處都是我所熟悉的」，再調整設定為 5 秒。

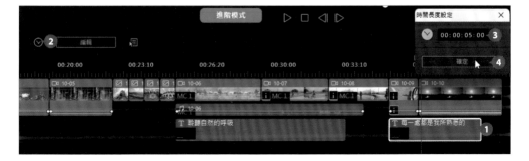

設計片尾謝幕文字

一般影片最後會列出發行商 LOGO、製片人、編劇、導演、參與人員清單、感謝人員、說明影片素材引用自哪裡...等，這些文字稱為謝幕文字。

STEP 01 於 T 文字 面板按 文字 \ 純文字，選擇合適的文字特效，此作品選擇使用 預設文字特效，拖曳至時間軸 視訊軌2 對齊 10-10 影片素材後方。

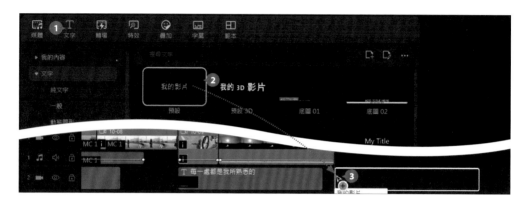

按 ⊙ 設定時間長度：「00:00:10:00」，再按 確定。

STEP 02 於 媒體 面板拖曳 10-15.jpg 影片素材至時間軸 視訊軌1 素材最後方擺放，按 ⊙ 設定時間長度：「00:00:10:00」，再按 確定。

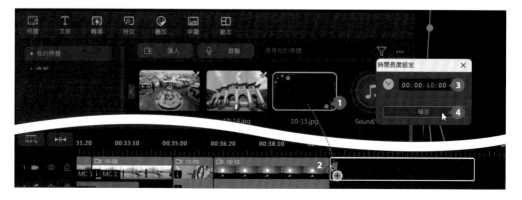

STEP 03 於時間軸選取片尾文字素材並變更文字框內的文字 (可參考 <文案.txt>)、設定合適的字型、字型大小,並將文字物件擺放至編輯區中間位置。

STEP 04 於 **動畫** 標籤 \ **進場**,按 **進階模式** 開啟 **進階編輯** 視窗,設定 **進場:向上捲動**,再按 **確定** 完成。

利用混合特效模擬電影質感

10-10 為影片套用 **混合特效**，可以讓影片模擬出電影畫面的色調，創造不同氛圍。

加入混合特效

模擬電影色調前，利用 **混合特效** 的功能套用底片播放效果。

STEP 01 於 🎞 **特效** 面板按 **混合特效 \ 髒污效果**，選擇合適的特效效果，此作品選擇使用 **類比膠片** 效果，拖曳至時間軸 **10-09** 影片素材上放開。

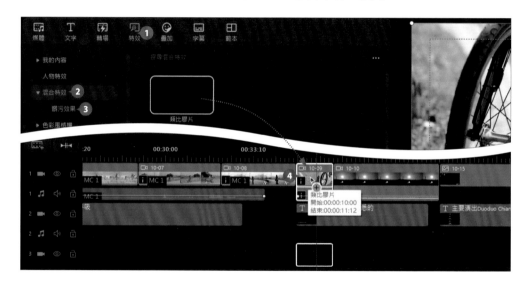

STEP 02 將滑鼠指標移至 **BadTV** 後方呈 ⛏ 狀，按滑鼠左鍵不放，往右拖曳至對齊 **10-10** 影片素材結尾處，按 **僅修剪**。

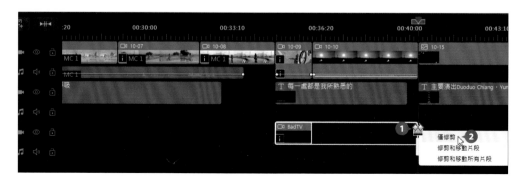

套用色彩風格檔

STEP 01 於 ⬚ **特效** 面板按 **色彩風格檔 \ 藝術風**，選擇合適的特效效果，此作品選擇使用 **70 年代懷舊** 效果，拖曳至時間軸 **10-09** 影片素材上放開。

STEP 02 依相同操作，拖曳 **70 年代懷舊** 效果至時間軸 **10-10** 影片素材上放開，即完成風格檔套用。

10-11 加入真人發音的旁白

旁白可以幫助觀看者進一步瞭解影片的進展與內容。如果希望為影片錄製旁白,像介紹旅遊景點或是活動流程說明,可參考此節操作方式。

檢查麥克風設備與調整音量

 確認麥克風設備的線路已正確連接電腦後,透過 **設定** 畫面開啟錄音控制項,調整麥克風音量,按 **系統 \ 音效 \ 更多音效設定** 開啟設定對話方塊。

 按 **錄製** 標籤選取目前要使用的 **麥克風** 項目 (如果透過 USB 埠外接的麥克風設備,會於項目上出現 "USB" 與該設備廠牌文字),按 **內容**,接著按 **等級** 標籤,確認已開啟麥克風音量,調整合適的音量值,完成後按二次 **確定**。

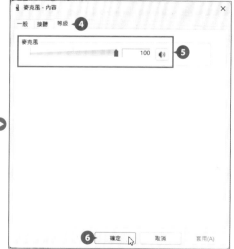

錄製旁白前準備動作

錄製前有幾項準備動作，可讓旁白錄製更流暢更有品質：

開始錄製旁白

回到威力導演主畫面，**擷取** 或 **錄製** 中均可錄製旁白，可以挑選自己較順手的方式，首先試試於 **擷取** 標籤錄製：

 若麥克風已正確的連接並設定好，按 **檔案 \ 擷取** 開啟 **擷取** 面板，按🎤 從麥克風擷取，接著試著說幾句話，於 **音量** 可依據紅、綠波動調整音量大小。

 若 **音量** 無波動顯示，可檢查裝置是否正確，於畫面右下角按 **設定** 開啟對話方塊，於 **音訊裝置** 清單選擇正確的裝置，再按 **確定** 完成。(可按 **變更資料夾** 來指定錄製音訊檔的位置)

準備好後按 ⬤ 待左方欄位 3 秒倒數完成後，開始錄製旁白內容。這時請開始念出旁白，完成後再按一次 ⬤ 停止錄製旁白並會開啟 **擷取的檔案名稱** 對話方塊，輸入檔案名稱後按 **確定** 完成錄製並儲存。

於右側 **擷取的內容** 面板即會顯示錄製好的旁白檔案，於面板按右上角 ❌ 關閉。

 錄製好的旁白檔案，會自動匯入 📷 **媒體** 面板，待要使用時，再將其拖曳至 **音軌** 合適的時間點。

小提示

如何讓旁白錄製的又好又快速？

要讓旁白錄製順暢，事先的反覆練習很重要，建議一次錄製的時間或台詞不要太多，可分成多段錄製，避免中途錄製失敗又得再花時間編輯音訊，當一切都就續後，就可以開始錄製影片所需的旁白了。

另一種錄製方式則是在 📷 **媒體** 面板中直接操作，透過 🎤 **錄製** 功能錄製旁白聲音素材的優點，可以在錄製的過程同步看到影片內容，幫助錄音時放入合適的情緒與語氣。

STEP 01 於 📷 **媒體** 面板按 **錄製**，錄製前如要檢查裝置是否正確，可先按 **裝置** 開啟對話方塊確認。接著於面板先調整好音量大小，核選 **錄製時所有軌道靜音** 避免錄製過程中其他的配樂也一起錄進去。

STEP 02 先將時間軸指標移至要錄製旁白的起始處，按 🔴 再指定 **錄製到** 至合適的音軌，按 **確定** 即開始錄製旁白，這時請搭配播放的影片內容開始念出旁白，完成後再按一次 🔴 停止錄製旁白，會將錄製的旁白匯入媒體庫中，並插入下方指定的時間軸中。

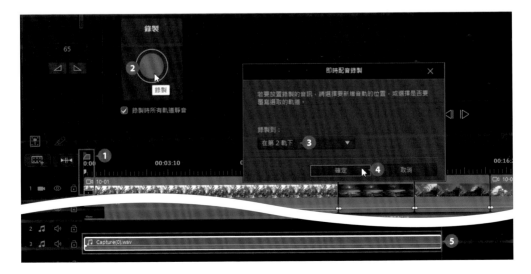

AI 音訊長度智慧型符合

10-12

依循影片內容搭配合適的音樂，會讓影片更加分，可以於 **背景音樂** 中搜尋合適的配樂使用，或是邀請專業人士幫忙錄製量身打造配樂，此作品要插入與編修已錄製好的配樂。

若影片和背景音樂的時間長度不相符，可以利用 **音訊長度智慧型符合** 功能，透過 AI 技術智慧剪輯出符合專案時間長度的背景音樂。

STEP 01 於 **媒體** 面板選取已錄製好的 **Sound.WAV** 音訊素材，拖曳至合適的音軌擺放，此作品選擇擺放至 **音軌2**。

STEP 02 選取 **Sound** 音訊素材後，按 **編輯**，按 **音訊長度智慧型符合**，於 **調整時間長度** 對話方塊核選 **將長度調整到專案結束**，按 **確定** 即會自動剪輯出符合時間長度的音訊。(智慧型音訊剪輯處會以 顯示)

10-13 | AI 音訊智慧調整及音訊混音

在影片中巧妙融合配樂與旁白音訊，除了可透過降噪、風聲移除提升品質外，由於配樂與旁白以不同音量錄製，更需精準調整音量以確保整體和諧度。

AI 音訊降躁

拍攝戶外影片時，常會連周邊的環境音一起收錄，利用 **AI 音訊降躁** 可以有效的降低這些雜音干擾。

 於時間軸 **視訊軌1** 選取 **10-05** 影片素材，按 **編輯** 開啟面板，接著於 **音訊** 面板按 **AI 音訊降躁 \ AI 音訊降躁** 開啟對話方塊，再按 **對話**。

 於 **AI 音訊降躁** 對話方塊核選欲移除的項目，接著按 **已修補**，再按 ▶ 聆聽套用後的結果 (也可按 **原始** 並聆聽原始音訊狀態，依兩者套用後差異核選或調整欲移除項目的強度。)，確認得到滿意的降躁效果後，按 **套用** 即完成。

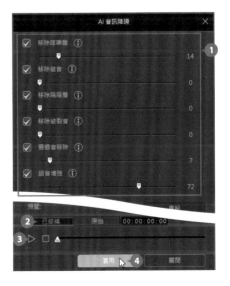

AI 移除風聲

除了周邊環境音外，戶外的風聲也是在錄音時常會遇到問題，在此利用 **AI 移除風聲** 來解決這樣的問題。

STEP 01 於時間軸 **視訊軌1** 選取 **10-06** 音訊素材，按 **編輯**，接著於 **音訊** 按 **AI 移除風聲 \ AI 移除風聲** 開啟對話方塊。

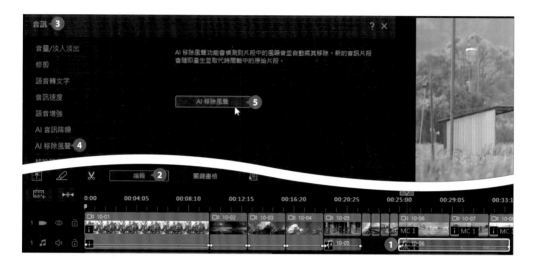

STEP 02 於 **AI 移除風聲** 對話方塊調整移除項目強度，接著按 **已修補**，再按 ▷ 聆聽套用後的結果 (也可按 **原始** 並聆聽原始音訊狀態，依兩者套用後差異微調項目)，確認得到滿意的效果後，按 **套用** 即完成，最後於面板按右上角 ⊠ 關閉。

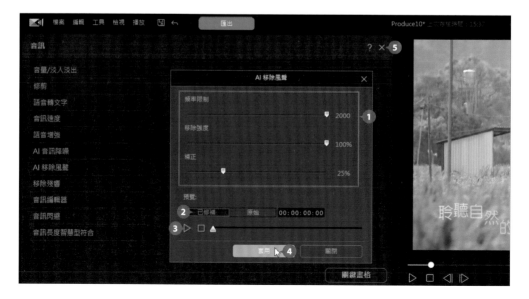

音訊混音調整

在此將事先錄製好的微電影旁白依步驟加入指定的時間點 (若於 10-11 節口白錄製操作時有插入其他素材可先刪除)。

 按 **音軌3**,將時間軸指標移至約「00:00:00:16」時間點,於 **媒體** 面板選取已錄製好的 **voice.wav** 音訊素材,按  **在選取的軌道上插入** 可精準的插入時間軸中。

 將時間軸指標會移至起始處,按 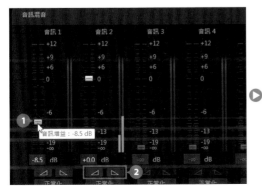 **音訊混音** 開啟面板。

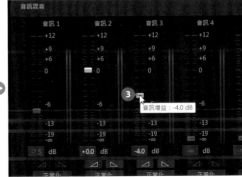 於 **音訊混音** 面板利用滑桿控制每個音訊軌的音量大小,在此拖曳 **音訊1** (代表 **音軌1**) 滑桿至「-8.5」dB 降低音量大小;接著於 **音訊2** (代表 **音軌2**) 按 **淡入** 及 **淡出**,讓背景音樂緩緩出現及結束。最後將時間軸指標移至 **voice.wav** 音訊素材位置,拖曳 **音訊3** (代表 **音軌3**) 滑桿至「-4.0」dB,讓旁白的音量小聲一點。

延 伸 練 習

一、選擇題

1. (　) 微電影的特性中,以下何種錯誤?

   A. 影片時間長度約一個小時　B. 將要傳達的理念與產品置入於影片中

   C. 必須擁有故事性

2. (　) 下列何者不是在拍攝微電影之前的必須準備的前置作業?

   A. 構想故事大綱　B. 添購頂級的攝錄影機　C. 繪製分鏡表與勘景

3. (　) 如果想針對影片片段特定畫格處調整光線、亮度、對比...等細節編輯,選取時間軸上的影片片段後,可利用下列哪一個功能?

   A. 按 **編輯**,再按 **視訊 \ 顏色**　B. 按 **工具** 索引標籤 \ **繪圖設計師**

   C. 按 **工具** 索引標籤 \ **創意主題設計師**

4. (　) 在 **多機剪輯設計師** 中,可利用下列哪一個功能同步影片片段?

   A. **影片分析**　B. **音訊分析**　C. **色調分析**

5. (　) 利用下列哪一個功能,可將色彩或色調不同的影片片段營造一致的風格?

   A. **色彩配對**　B. **色彩強化**　C. **調整色彩**

二、實作題

請依如下提示完成「咖啡達人示範拉花技術」作品。

1. 開啟延伸練習原始檔 <ex10.pds>,於 🖼 **媒體** 面板中已匯入所有媒體素材,選取 **10-1.jpg** 相片素材,並拖曳至時間軸 **視訊軌1** 起始處擺放,設定 **時間長度**:「00:00:05:00」。

2　將時間軸指標移至 **10-1** 相片素材結尾處，於 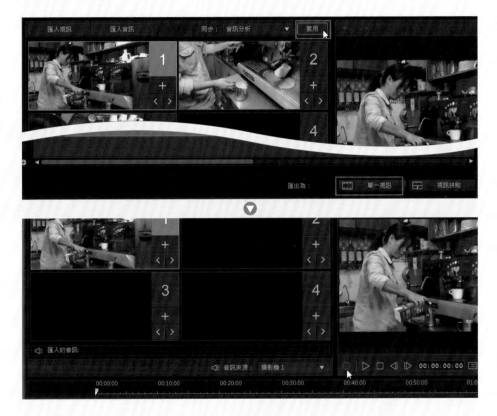 **媒體工房** 面板按 ⌜Ctrl⌟ 鍵不放一一選取 **10-2.wmv ~ 10-4.wmv** 影片素材，按 **工具 \ 多機剪輯設計師** 開啟視窗進行多機剪輯整合：

設定 **同步：音訊分析** 再按 **套用**，按 **單一視訊**，再按 ⬤ **錄製** 自行安排合適的畫面順序開始錄製影片，完成後按 **確定** 回到主畫面。

3. 加快影片速度：按 ⌜Ctrl⌟ 鍵不放一一選取錄製好的多機剪輯 **視訊軌1** 上的影片素材，按 **編輯 \ 視訊 \ 工具 \ 視訊速度** 設定加速器為「2.000」。

4. 加快音訊速度：選取錄製好的多機剪輯 **音軌1** 上的環境音素材，按 **編輯 \ 音訊 \ 音訊速度** 設定加速器為「2.000」。

5. 選取 **10-5.png ～ 10-7.png** 相片素材,並拖曳至時間軸 **視訊軌1** 影片素材最後方擺放,設定 **時間長度**:「00:00:05:00」。

6. 片頭文字設計:於 **T** **文字** 面板拖曳 **純文字 \ 底圖 03** 文字特效至 **視訊軌2** 起始處,設定 **時間長度**:「00:00:05:00」,按 **編輯** 開啟面板變更文字內容:「... Cafe Time ...」、「咖啡達人示範拉花的技巧及操作」(可參考 <文案.txt>) 與格式,完成片頭文字設計。

7. 謝幕文字設計:於 **T** **文字** 面板拖曳 **僅純文字 \ 波浪** 至 **視訊軌1** 相片素材後方,並設定 **時間長度**:「00:00:05:00」,按 **編輯** 開啟面板變更文字內容:「~謝謝觀賞~」與格式,完成謝幕文字設計。

8. 轉場效果:於 **視訊軌1** 的 **10-5 ～ 10-7** 相片素材前後加入 **淡化** 轉場效果。

9. 套用特效色調:於 **特效** 面板按 **風格特效 \ 樣式 \ 蠟筆畫** 並拖曳至時間軸 **特效軌** 起始處,再利用滑鼠指標 拖曳 **蠟筆畫** 與 **10-7** 相片素材結尾處對齊,按 **修改** 開啟 **特效設定** 面板,可微調變更相關設定。

10. 於 **媒體** 面板 **背景音樂** 下載合適的配樂,插入至時間軸 **音軌2** 起始處,並使用 **音訊長度智慧型符合** 讓背景音樂時間長度符合謝幕文字結尾處,最後設定混音前後淡入、淡出效果,完成作品。

11

個人數位履歷

結合簡報、字幕與影片去背

√ 影片構思

√ 規劃履歷拍攝流程

√ 匯入 PowerPoint 簡報與素材

√ 製作履歷片頭

√ 插入自我介紹背景

√ 自我介紹影片去背合成

√ AI 語音增強提升旁白品質

√ 利用 AI 為影片快速製作字幕

√ 加上轉場與配樂

11-1 影片構思

履歷是面試官對求職者的第一印象,透過本章了解如何規劃、製作一份可以在短時間內吸引人注意,並正確清楚的表達出求職資訊的影音履歷。

●●●● 作品搶先看

設計重點:

從視訊素材的加入到加強影片品質開始,透過預設文字特效與 AI 語音自動轉字幕進行操作,最後再運用視訊特效與配樂加強影片表現。

參考完成檔:

<本書範例\ch11\完成檔\Produce11.wmv>

●●●● 製作流程

01 針對職務規劃拍攝流程

02 匯入 PowerPoint 簡報

03 設計片頭文字與影片內容大綱

04 自我介紹影片完整去背及調整

05 加入字幕讓影片內容更清楚

06 加入適合的轉場特效與配樂

11-2 | 規劃履歷拍攝流程

拍攝履歷影片最重要的是依據職務拍出主題精準的影片，讓面試者在很短時間內即可確認影片中的主角就是最佳人選，所以少不了事前的準備作業。

確認目標企業職務

依照學經歷及對人生的規劃選擇自己想要的職務與企業，進而依照不同的企業文化及職務性質要求準備資料。

蒐集職務相關資料

確認了目標職務及企業之後，可以開始蒐集職務及企業文化相關資料，例如詢問該公司員工、透過公司網站或人力資源網站瀏覽與了解，這樣即可在有限的時間內判斷並思考要呈現的影片內容與方向。

蒐集個人素材

因為拍攝要動用的人力及物力較多，所以完整的事前規劃可以節省不少時間及費用，在規劃好拍攝方向後要開始蒐集過濾個人的資料以符合職務，並規劃表達的方式，例如：得獎經歷是要以文字條列、口頭描述或是以相片或場景的方式表達，這都要依整體規劃及項目的重要性考量，同時也檢視收集的資料與職務需求是否相同。

規劃錄製流程

依職務特性及企業文化規劃要錄製的重點，也要注意履歷影片要上傳的平台或是後製軟體是否有上傳時間、畫質或後製的限制，再以這些資料規劃錄製的重點。例如：目標公司職務比較重視創意，這樣學經歷及陳述內容就需要強調創意性獎項或社團規劃經驗...等項目；例如：目標公司職務為較保守重視條理，錄製就要注意服裝、用詞遣字及條理性。

流程規劃包含要講的文字、時間、場景、插圖,詳細的規劃可以拍出較接近理想的影片,錄製的內容不要太冗長,可以參考以下的基本項目:

- 自己的姓名。

- 簡單介紹背景 (學校科系、出生地)。

- 選擇應徵此職務與公司的理由。

- 描述與這個工作相關的學經歷及能力 (語言、電腦、證照...等)。

- 為何自己適合或符合這個職務與公司。

- 陳述感謝及對此職務的興趣,最後可以簡單提及連絡的方法。

準備器材服裝場景

- **器材**:依上傳平台的限制及錄製重點選擇合適的拍攝器材,要事先為器材充滿電力與檢查是不是相關配件都備齊,最好有腳架才會有較平穩的拍攝品質。

- **服裝**:服裝要依拍攝的方向及職務特性選擇,以端莊整齊為主,除非職務特殊需求,否則盡量避免濃妝或花俏的妝容。

- **場景**:依錄製的重點及職務特性選擇拍攝場景,要注意場景的光線要平穩,過亮過暗、或是色溫容易變動的場景都不適合;背景選擇盡量單純,避免行人干擾或是不相干的景物入鏡。如果是室外場景則要注意當天的天氣,天氣會影響設備及光線,準備充足才不會有不盡理想的拍攝效果。

拍攝注意事項

- 錄製時的表情以微笑為佳,不宜過度誇張或面無表情。

- 求職者音量應以觀看者聽的清楚為主,不宜太高或太低。

- 適當的表演會讓人印象深刻,但過於無厘頭或是猛講冷笑話,如果遇到沒有共鳴反而容易弄巧成拙。

11-3 匯入 PowerPoint 簡報與素材

威力導演可直接匯入 PowerPoint 中設計好的簡報檔 (*.ppt 或 *.pptx)，並自動將簡報檔內的所有投影片轉為 *.png 圖檔，直接使用於影片編輯。

 STEP 01 開啟威力導演後，在啟動畫面設定 **顯示比例：16:9**，按 **新增專案** 進入編輯畫面。開始匯入簡報與影片素材，於 🎞 **媒體** 面板按 📥 **匯入 \ 匯入媒體檔案**，按範例原始檔 <11-01.pptx>，再按 **開啟** 匯入簡報。

STEP 02 於媒體庫能看到自動將匯入的簡報檔轉成一張張的圖片，而且已經將圖片依序編號為 **11-01_0001.png ~ 11-01_0006.png** 的 PNG 格式圖片素材。

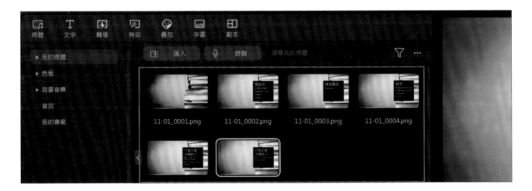

STEP 03 依相同方法匯入範例原始檔 <11-01.wmv> 影片。

製作履歷片頭

11-4

將匯入的簡報圖片素材設計成背景,再以 **文字** 面板的樣式簡單設計個人片頭與影片大綱文字,讓觀看影片的人在短時間內可以了解影片內容,更有條理地呈現個人風格。

插入簡報素材為背景

利用剛才匯入的簡報素材,做為影片背景。於 **媒體** 面板按 **11-01_0001.png** 圖片素材,按 **在選取的軌道上插入** 插入時間軸。

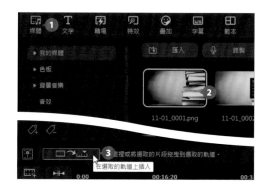

於時間軸 **視訊軌1** 選取 **11-01_0001.png** 圖片素材狀態下,按 調整時間長度為:「00:00:10:00」。

新增片頭文字並編修內容

片頭文字若單純只有文字會顯得有點枯燥,利用 **文字** 加上適當的文字動畫特效。

於 **文字** 面板按 **文字 \ 純文字 \ 預設** 文字特效,拖曳至時間軸 **視訊軌2** 起始處,再放開滑鼠左鍵。

STEP **02** 於時間軸選取剛才插入的文字特效，按 ⊙ 設定時間長度：「00:00:05:00」，按 **確定** 完成變更，接著再按 **編輯**。

STEP **03** 在 **文字** 標籤重新輸入文字「鄧凱西」，按 [Enter] 鍵換行，再輸入「Cathy Deng」，設定合適的字型、字型大小及對齊方式；再於 **動畫** 標籤 \ **進場** 按 **向下擦去**，按 **進階模式** 開啟視窗。

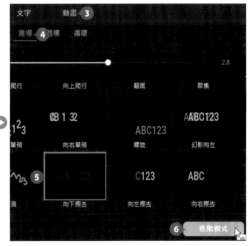

STEP **04** 將滑鼠指標移到物件邊框上呈 ✥ 狀，可以拖曳至適合的位置擺放。

STEP 05 於文字物件上按一下滑鼠右鍵按 **複製**，再按一次滑鼠右鍵按 **貼上**，輸入文字內容「影音履歷」，接著將滑鼠指標移到物件上呈 ✥ 狀，可以拖曳至適合的位置擺放。

STEP 06 於 **物件** 標籤 **字元預設組** 按合適的類型套用；**字型/段落** 設定合適字型、字型大小及對齊方式。

 STEP 07 調整文字特效出現時間及長度，先將滑鼠指標移至時間軸第一個文字物件開始特效區塊的結束點，呈 ⟷ 狀，按滑鼠左鍵不放往右拖曳至約「00:00:02:25」時間點。

STEP 08 調整第二個文字物件開始特效區塊開始時間為「00:00:02:23」、結束時間為「00:00:04:00」。設定好可按瀏覽畫面下方的 ▶ 預覽目前的文字效果，最後按 **確定** 完成片頭文字設計。

新增影片內容大綱

加入個人影音履歷的內容大綱，讓觀看者可以先了解整個影音履歷的內容。

 STEP 01 於面板按右上角 ✕ 關閉。於 Ⓣ **文字** 面板按 **文字 \ 純文字 \ 預設** 文字特效，拖曳至時間軸 **視訊軌 2** 第一個文字特效最右側影片結尾處，再放開滑鼠左鍵。

STEP 02 變更文字內容為「履歷內容大綱：」並拖曳至合適的位置擺放，按 ⊙ 設定時間長度：「00:00:05:00」，按 **確定** 完成變更，再按 **編輯**。

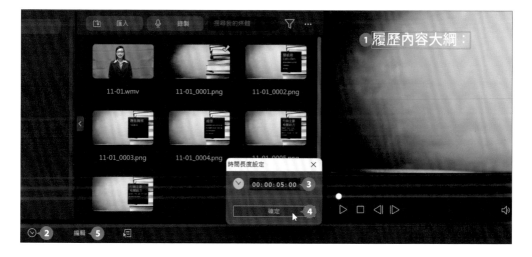

STEP 03 於 **文字** 標籤設定合適的字型、字型大小及對齊方式；再於 **動畫** 標籤 \ **進場** 按 **向下擦去**，按 **進階模式** 開啟視窗。

 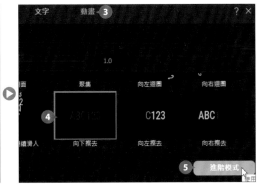

STEP 04 依相同方式複製文字物件，再變更文字內容分別為「自我介紹」、「應徵職務的理由」、「經歷及相關能力」，接著將物件拖曳至適合的位置。

STEP 05 於 **物件** 標籤 \ **字型/段落** 設定合適行距大小，將滑鼠指標移至時間軸第二個文字物件的開始特效起始處，呈 ⟷ 狀，按滑鼠左鍵不放往右拖曳至「00:00:01:00」時間點，按 **確定** 完成內容大綱文字編輯，最後於面板按右上角 ✕ 關閉。

插入自我介紹背景

11-5

插入自我介紹的影片前,要先放入背景才方便調整人物的位置,背景圖片是使用之前匯入的 PowerPoint 簡報,讓自我介紹更清楚。

之前的步驟中,已經將 PowerPoint 製作的簡報匯入為一張張圖片素材,現在要將圖片素材都加入時間軸當中作為影音履歷的背景。

STEP 01 於 **媒體** 面板選取 **11-01_0002.png** 圖片素材,按滑鼠左鍵不放拖曳到時間軸 **視訊軌1** 的 **11-01_0001** 圖片素材後方。

STEP 02 此作品已事先依 <11-02.wmv> 影片計算好背景圖出現的時間長度 (下一節加入影片後可再微調),於時間軸 **視訊軌1** 選取 **11-01_0002** 圖片素材狀態下,按 設定時間長度:「00:00:06:07」。

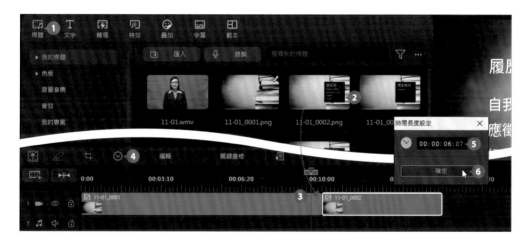

STEP 03 接著依相同方式,分別加入並依下圖標示調整其他四張圖片素材的時間,讓背景的圖、文可以符合等一下要加入的自我介紹影片內容。

11-01_0003 圖片素材時間長度:「00:00:09:20」   **11-01_0004** 圖片素材時間長度:「00:00:11:28」

11-01_0005 圖片素材時間長度:「00:00:16:05」

11-01_0006 圖片素材時間長度:「00:00:10:07」

11-6 自我介紹影片去背合成

很多電視節目、影片中,會看到人物在前方再另外套用其他說明的主題圖片,如:新聞畫面、氣象圖片或是其他動畫,這是將拍好的影片去除背景色彩後的合成效果。

製作容易去背的影片

想要拍攝去背的影片效果,最重要的是要製作一個可以方便去背的影片。以下是拍攝時要注意的:

- **背景**:可以去布店買塊單色的布當做背景,但要注意布的尺寸要大於被拍攝者。較常用的是以藍色布做背景拍攝影片,即一般稱的 "藍幕",不過不一定要用藍色,用綠色 (綠幕) 或其他單色也可以,重點在於背景的顏色要單純,而且不要與被拍攝者身上衣服的顏色相同;如眼睛是藍色的,被拍攝者應該使用綠色背景,可以方便後製時去背的動作。

- **服飾與配件**:被拍攝者的服飾與使用的配件必須避開背景顏色,如果背景是藍色,被攝影者也穿藍衣服,那去背影像時會產生身體也不見的狀況,所以這個部分需要十分注意。

- **攝影方式**:若被拍攝者是以靜態的方式 (一直坐著或站著) 介紹說明,攝影時最好先將攝影機固定位置 (運用腳架) 以免產生晃動;如果被拍攝者是以動態的方式 (走動) 介紹說明,攝影時最好可以使用攝影軌道,這樣拍攝出來的效果也會比較穩定。

去背合成的效果:

挑選顏色為影片去背並移動旋轉

拍攝完成的影片合成之前要先去背,如果背景夠單純而且與被拍攝者對比較大時,在選取特定去背顏色再微調後,可以很容易去除不需要的背景顏色。

 STEP **01** 於 **媒體** 面板,選取 **11-01.wmv** 影片素材,按滑鼠左鍵不放拖曳至時間軸 **視訊軌2** 對齊 **視訊軌1** 的 **11-01_0002** 圖片素材起始處。

STEP **02** 選取時間軸 **視訊軌2** 的 **11-01** 影片素材狀態下,按 **編輯**,在 **視訊 \ 工具** 標籤中按 **色度去背** 開啟視窗。

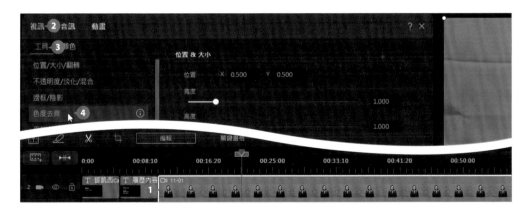

STEP **03** 按 **內容** 標籤,核選 **色度去背** 並展開下方項目,再按 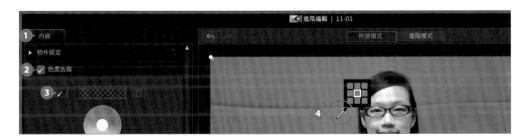,接著以滴管按畫面中要刪除的顏色。

指定去背的顏色後，可以再調整相關設定值：**色彩範圍**、**降噪**，讓去背後的影片內容能更乾淨完整。然而不同的影片內容最合適的設定值也不盡相同，建議可一一拖曳各設定項目的滑桿預覽，以達到最完美的去背效果。

 調整影片物件的大小、位置與角度，同樣於 **內容** 標籤模式下設定：

· 將滑鼠指標移到影片物件四個角落的控點上呈 ⭦ 狀，按滑鼠左鍵不放拖曳可調整至適當的大小。

· 將滑鼠指標移至物件上呈 ✥ 狀，按滑鼠左鍵不放拖曳可擺放至適當的位置。

· 將滑鼠指標移角落控點上呈 ⭦ 狀，按滑鼠左鍵不放拖曳可調整物件角度。

調整完成後按 **確定** 完成影片去背的處理。

視訊降躁

如果視訊本身品質不好，或是在編輯過程中產生雜訊，可透過 **視訊降躁** 功能修飾這些瑕疵，提升視訊的質感。

 選取 **11-01** 影片素材，按 **編輯**，在 **視訊** 標籤按 **工具\視訊降躁**。

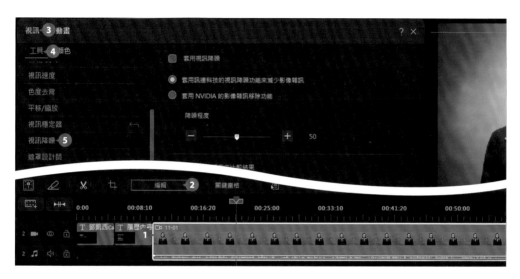

 核選 **套用視訊降躁** (預設會使用軟體內建的降躁功能，依電腦硬體設備也可以選擇使用 NVIDIA 的降躁技術。)，再拖曳 **降躁程度** 至合適數值，最後於面板按右上角 ✕ 關閉。

11-7

AI 語音增強提升旁白品質

錄製影片或音訊時，常會出現訊號雜音或混入環境聲音的情況，尤其當錄製設備不佳時，這種情況更為明顯，此時利用語音增強來修飾這些瑕疵能有效提升音訊品質。

錄製的旁白音訊，透過 **語音增強** 可以移除音訊中一些訊號雜音或是破裂音...等瑕疵，不僅可以提升音質，也可以讓旁白更加清楚，有利於後續使用 **語音轉文字** 時，能更精準的辨識出正確的字幕。

STEP 01 選取時間軸 **視訊軌2** 的 **11-01** 影片素材狀態下，按 **編輯**，在 **音訊** 標籤按 **語音增強 \ 語音增強** 開啟對話方塊。

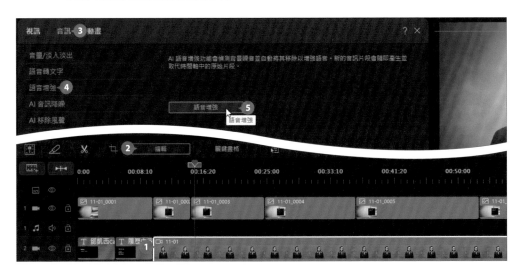

STEP 02 接著可以透過拖曳 **語音強度**、**補正** 滑桿修飾旁白音訊，按 **已加強** (或 **原始**)，再按 ▷ 聆聽增強後的結果，確認達到需要的品質後，按 **套用** 完成，最後於面板按右上角 ⊠ 關閉。

STEP 03 完成 **語音增強** 的影片素材，即可在時間軸上看到視訊與音訊分離成為各自獨立的軌道。

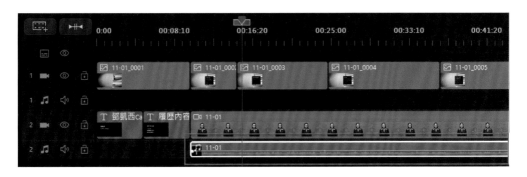

AI 音訊降噪與移除殘響差異

除了 **語音增強** 可以消除背景雜音並自動增強旁白音質，另外還有 **AI 音訊降噪** 與 **移除殘響** 也可以用來修正音訊的瑕疵。

AI 音訊降噪：**AI 音訊降噪** 與 **語音增強** 一樣都可以強化旁白音訊，但如果想在修正後保留一些環境音的效果，那可以選擇使用 **AI 音訊降噪 \ 對話**；環境音如果是音樂類型，則可以選擇使用 **AI 音訊降噪 \ 配樂** 來修正。

移除殘響：在室內錄音時，牆壁會反射聲音，造成環繞效果，因此在錄製旁白時，很容易收錄到這些反射的聲音。此時利用 **移除殘響** 功能可以有效消除這些回彈的雜音，讓旁白音訊更加純淨清晰。

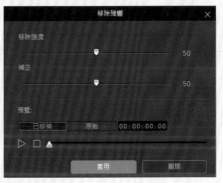

11-8 利用 AI 為影片快速製作字幕

添加影片字幕時通常需手動逐一輸入文字，既耗時又耗力。但有了 AI 自動辨識功能後，只需讓系統自行分析，即可迅速完成字幕的製作，省時且簡便，節省了大量時間和精力。

語音轉文字

使用 **語音轉文字** AI 技術前，可參考 P11-16 的說明，先運用 **語音增加** 功能修飾旁白音訊的瑕疵，提升辨識的精準度，才能取得一個較佳的成果。

 選取時間軸 **音軌2** 調整過的音訊素材，於 🖵 **字幕** 面板按 **語音轉文字** 開啟對話方塊。

 確認 **音訊來源：音軌2**、**語言：繁體中文**，並核選 **僅轉譯所選範圍**，再按 **建立** 即會開始分析並自動產生字幕。(如果沒有先選取音訊素材，或是只想辨識某個片段，可以先拖曳時間軸滑桿的 ▣ 起始點與 ▣ 結束點選取欲辨識範圍。)

STEP 03 完成辨識的字幕如有錯誤，可於 **字幕** 面板欲修訂的字幕上按一下滑鼠左鍵，進入編輯狀態，重新輸入正確文字後，按 Esc 鍵完成變更。

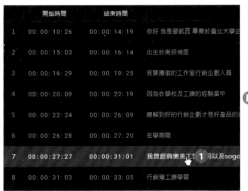

合併或分割字幕

語音轉文字 產生的字幕並不會在合適的地方斷句或換行，此時可以利用 **分割字幕** 或 **合併字幕** 功能，快速調整這些不合適的部分。

STEP 01 於 字幕 面板要調整的字幕上按一下滑鼠左鍵，並將輸入線移至欲換行的位置，按 分割字幕 即會自動將輸入線後的文字，分割成另一段字幕。

STEP 02 接著於要合併的字幕上按一下滑鼠左鍵，按 **合併字幕** 即會將該段字幕與上一段合併。

STEP 03 依相同方法分別調整其他字幕的分割與合併，完成後可再按 ▷ **播放** 觀看結果是否滿意。

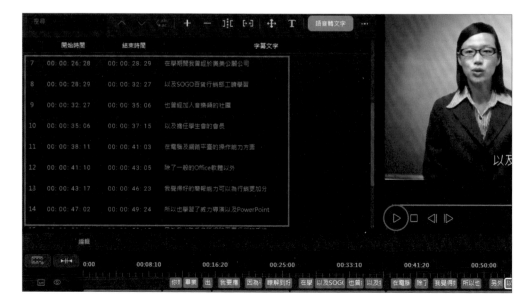

調整字幕位置與字型

STEP 01 於 ▦ **字幕** 面板按 ⊞ **調整字幕位置** 開啟對話方塊,利用 **X 位置**、**Y 位置** 調整字幕位置,完成後按 **全部套用**。

STEP 02 按 **T** **變更字幕文字格式** 開啟對話方塊,設定合適的 **字型**、**樣式**、**大小**...等相關項目,完成後按 **全部套用**。

小 提 示

如何匯出已做好的字幕為 *.SRT 檔案?

影片中的字幕完成後,於 ▦ **字幕** 面板按 ⚫ \ **匯出 SRT 檔案**,選擇是否匯出樣式,再指定匯出檔案的位置及輸入檔名後,按 **存檔** 就可以匯出字幕檔案。

11-9 加入轉場與配樂

主要內容與資訊均已加入,影音履歷影片製作的最後要加上畫龍點睛的轉場特效與配樂,如此一來就完成囉!

套用淡化轉場特效

影音履歷影片比較不適合過於花俏複雜的轉場特效,以免失焦了,在此為作品加上 **交錯轉場特效**。

選取 **視訊軌1**,於 🔳 **轉場** 面板按 **轉場 \ 一般 \ 淡化**,媒體庫右上角按 🔳 **更多選項 \ 將選取的轉場特效套用到所選軌道上的所有視訊 \ 交錯轉場特效**,即可為所有視訊素材間加入淡化轉場特效。

背景配樂

最後為影音履歷的片頭搭配一小段開場配樂。

 STEP 01　於 🔳 **媒體** 面板 \ **背景音樂** 選擇合適的音樂類型,清單中音訊名稱左側按 🔘 可聆聽音樂。

STEP 02 找到合適音訊後按 ⬇ 下載至媒體庫 (在此示範下載 **Lora Acoustic.wav** 音訊素材)，接著將時間軸指標移至起始處，按 在選取的軌道上插入，即可在時間軸指定位置看到插入的音訊素材。

STEP 03 按 檢視整部影片，將滑鼠指標移至音訊素材結尾處呈 狀往左拖曳縮短此段音訊素材時間長度，對齊 **11-01_0001** 圖片素材結尾處，按 **僅修剪**。

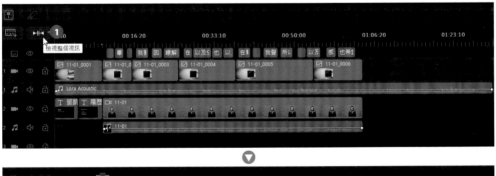

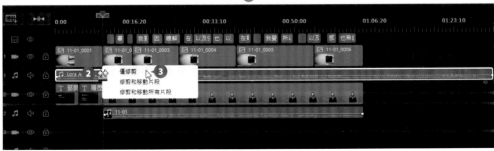

STEP 04 將時間軸指標移至起始處，按 📧 **音訊混音**，於 **音訊1** 下按 ◣ **淡入**，音量會由小聲慢慢還原至原來的音量。

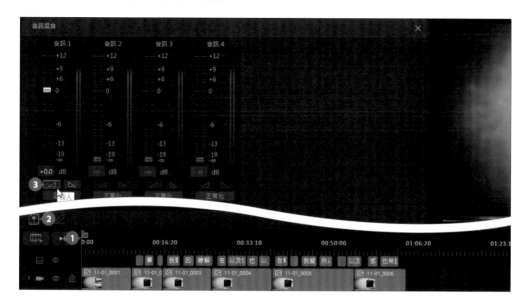

 STEP 05 依相同操作，於 **音訊1** 下按 ◢ **淡出**，此時 **音軌1** 的音訊素材會出現一個音量控制點，將滑鼠指標移至藍色水平線最後方，按 Ctrl 鍵不放，呈白色箭頭時按一下滑鼠左鍵新增一個音量控制點，並將其往下拖曳至音訊素材最低端。

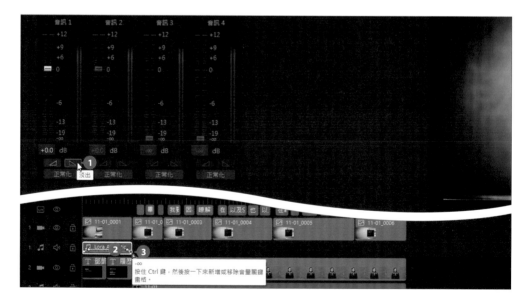

如此即完成這份數位影音履歷的設計，別忘了儲存作品。

延伸練習

一、選擇題

1. （ 　 ）開始拍攝履歷之前要先進行哪一個步驟？
   A. 編輯影片　 B. 規劃錄製流程　 C. 分享至網路平台

2. （ 　 ）蒐集職務相關資料時可透過什麼管道？
   A. 詢問該公司員工　 B. 公司網站　 C. 以上皆是

3. （ 　 ）準備拍攝室內場地時要注意哪些項目？
   A. 拍攝背景單純　 B. 拍攝當天天氣　 C. 拍攝當天氣溫

4. （ 　 ）拍攝履歷時的表情應以哪種表情為佳？
   A. 面無表情　 B. 誇張的表情　 C. 適當的微笑

5. （ 　 ）於威力導演匯入 PowerPoint 簡報檔會轉成哪一種格式圖片素材？
   A. *.jpg　 B. *.png　 C. *.tif

二、實作題

請依如下提示完成「六大步驟告訴你如何製作影片」作品。

1. 開啟 16:9 新專案，匯入延伸練習原始檔 <11-01.pptx> 與 <11-01.wmv> 二個素材。

2. 設計片頭文字：於 **T** **文字** 面板按 **文字 \ 一般 \ 雷達偵測** 文字特效，按 在 **選取的軌道上插入** 插入時間軸 **視訊軌1** 的起始處，並變更文字為「六大步驟告訴 你如何製作影片」，設定合適的字型大小與字型，**進場** 動畫調整為 **向右連續滑 入**。完成文字調整後，按 調整片頭文字時間長度為：「00:00:04:00」。

3. 於 📷 **媒體** 面板選取 **11-01_0001.png** 圖片素材，按滑鼠左鍵不放拖曳至 **視訊軌1**
「00:00:04:00」時間點，再調整時間長度調整為：「00:00:30:21」。接著依以下數值插
入並調整其他圖片素材時間，**11-01_0002.png**：「00:00:11:03」、**11-01_0003.png**：
「00:00:12:17」、**11-01_0004.png**：「00:00:16:09」、**11-01_0005.png**：「00:00:11:27」、
11-01_0006.png：「00:00:10:16」、**11-01_0007.png**：「00:00:16:17」。

4. 於 📷 **媒體** 面板，選取 **11-01.wmv** 影片素材，按滑鼠左鍵不放拖曳至時間軸 **視
訊軌2**「00:00:04:00」時間點，按 **編輯**，在 **視訊 \ 工具** 標籤中按 **色度去背** 開啟視
窗；按 🖋 以滴管按畫面中要去除的顏色，再調整相關數據及影像大小、位置。

5. 接著於 **音訊** 標籤按 **語音增強 \ 語音增強**，調整合適的增強效果。

6. 選取時間軸 **音軌2** 調整過的音訊素材，於 📄 **字幕** 面板按 **語音轉文字**，選取來源
音軌與語言後，按 **建立** 開始分析並自動產生字幕。調整並修訂錯誤的字幕後，
再設定所有字幕的 **Y 位置**：**0.88** 與合適字型。

7. 設計片尾文字：於 🅣 **文字** 面板按 **文字 \ 純文字 \ 底圖02** 文字特效，按滑鼠左鍵
不放拖曳至時間軸 **視訊軌1** 結尾處，並變更文字為「謝謝觀賞」、「Thanks」，
字型大小與字級維持預設，設定合適字型 ，按 **進階模式** 開啟視窗，再於 **不透明
度** 軌按第 2 個關鍵畫格，拖曳二個文字物件至畫面正中央。

 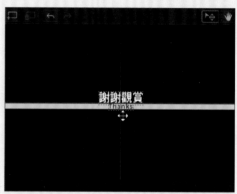

8. 選取 **視訊軌1**，於 📷 **轉場** 面板按 **轉場 \ 一般 \ 淡化**，媒體庫右上角按 ⋯ 更多選
項 **\ 將選取的轉場特效套用到所選軌道上的所有視訊 \ 交錯轉場特效**。

9. 最後為影音履歷的片頭搭配一小段開場配樂，並設定音量合適的 **淡入**、**淡出**，如
此即完成此作品的設計，別忘了儲存檔案。

12

影片匯出分享

視訊格式與上傳社群

影片要儲存成什麼格式？

12-1

威力導演可以建立的視訊檔格式相當多，在建立與轉換視訊檔作品前，先了解到底要轉成什麼影音格式檔？其中除了要考量影片用途，也要了解各種格式的優缺點與適用性。

匯出檔案支援的格式

首先開啟之前製作好的威力導演專案檔 (*.pds)，在此開啟前面已完成的作品示範說明。

於選單列按 **匯出**，在 **匯出專案 \ 標準 2D** 標籤可將前面剪輯的專案作品匯出成各式影片格式。到底要選擇哪一種視訊檔格式呢？以下二個方向簡單判斷：

- 專案作品若沒有特殊用途時，建議作品裡的視訊素材是什麼格式就匯出成什麼格式，比較可以保持素材原有的品質。

- 專案作品若有特定用途時，就依其應用到的方向選擇。(例如：上傳至 YouTube、匯入行動裝置...等)

了解檔案格式特性

威力導演中可將專案建立為 MPEG、AVI、WMV、MPEG-2、MPEG-4...等多種視訊格式，以下說明檔案在匯出時，可選擇的視訊格式與相關說明：

視訊格式	相關說明
AVI	Audio Video Interleave，即音訊視訊交叉存取格式，由微軟公司推出，相容性高，但檔案較大。

視訊格式	相關說明
MPEG-2	MPEG 檔運用較精緻的壓縮技術，所以 MPEG 檔的最大好處在於其檔案較其他檔案格式小許多，而且能有較佳的品質。 MPEG-2 是 DVD 影片的壓縮標準，高解析度，此格式在兼顧畫質及音質的考量下可節省許多硬碟空間，DVD 提供的解析度達 720 × 480。
Windows Media	微軟通用視訊格式 (WMV)，常應用於網路流通，不但可以依照網路頻寬屬性製作不同類型解析度，輕鬆的利用較小的媒體檔案與親友分享，還可以提供網站建置線上影音播放，是個普及、好用的類型與標準！
H.264 AVC	H.264 是由 JVT 組織並開發提出的高度壓縮數字視頻編解碼器標準，能夠將數位影片檔案壓縮到 MPEG-2 (DVD 標準) 的一半大小，但影片畫質不變。可以匯出 4K 超高畫質檔案，只要影片中的素材經軟體計算是可轉換的，就會於 **H.264 AVC** 格式\ **設定檔名稱/品質** 清單中供匯出檔案選擇。 在 H.264 AVC 視訊格式之下，提供 M2TS、MP4 與 MKV 三種格式檔。其中 MPEG4 是專為行動通信設備在網路上即時傳輸而制定的，讓各種影音產品的應用服務較不受傳輸速率的影響，達到較好的應用性和可擴展性。
H.265 HEVC	High Efficiency Video Coding 高效率視訊編碼，可提昇影像品質，與 H.264/AVC 相較之下節省約 32% 儲存空間，在威力導演中可匯出支援 4K 解析度。 在 H.265 HEVC 視訊格式之下，一樣提供 M2TS、MP4 與 MKV 三種格式檔。
XAVC S	將 4K 等高解析度的影像以 MEPG-4 或 H.264 AVC 進行高度壓縮，並以 MP4 格式記錄，控制一定水平數據與呈現高畫質影像。

12-2 建立視訊檔 - 匯出 WMV 影片

威力導演可將編輯好的專案內容，匯出成各種視訊檔案，而支援的媒體檔案類型也相當豐富，WMV 格式是目前使用上較方便的格式類型。

STEP 01 開啟之前製作好的威力導演專案檔，選單列按 **匯出**，於 **匯出專案 \ 標準 2D** 標籤，按 **選取檔案格式：WindowsMedia**，**設定檔類型** 選擇匯出檔案的尺寸格式與品質。接著在 **匯出至** 按 ■ 指定檔案匯出的儲存位置與名稱，按 **存檔**，再按 **開始**，等待檔案匯出完成。

STEP 02 匯出完成後，可按 **返回編輯** 回到編輯畫面繼續操作。

STEP 03 依剛才指定的資料夾路徑找到匯出的影片檔，於檔案上連按二下滑鼠左鍵即可播放瀏覽。

建立視訊檔－匯出 MP4 影片

12-3

較常使用的媒體類型應該非 MP4 莫屬了！MPEG-4 檔案較其他檔案格式小許多，一般的隨身影音設備都支援此格式，所以此節將匯出檔案為 MPEG-4 檔。

 開啟之前製作好的威力導演專案檔，選單列按 **匯出**，於 **匯出專案 \ 標準 2D** 標籤，按 **選取檔案格式：H.264 AVC**，設定 **副檔名：MP4**，設定 **檔名稱/品質** 選擇匯出檔案的尺寸格式與品質。接著在 **匯出至** 按 ⋯ 指定檔案匯出的儲存位置與名稱，按 **存檔**，再按 **開始**，等待檔案匯出完成。

 匯出完成後，可按 **返回編輯** 回到編輯畫面繼續操作。

 依剛才指定的資料夾路徑找到匯出的影片檔，於檔案上連按二下滑鼠左鍵即可播放瀏覽。

建立聲音檔

12-4

威力導演提供將專案中視訊與音訊分離的功能，單純匯出聲音檔，此功能適用於想將相同的聲音用於另一組影像或想要擷取影片中現場表演的音訊時，單獨建立聲音檔素材。

 開啟之前製作好的威力導演專案檔，選單列按 **匯出**，於 **匯出專案\標準 2D** 標籤，按 **選取檔案格式**：，設定 **副檔名** 格式，接著於 **設定檔名稱/品質** 清單中選擇匯出聲音檔案的品質。接著在 **匯出至** 按 指定匯出檔案的儲存位置與名稱，按 **存檔** 最後按 **開始**，等待匯出檔案進度完成即可。

 匯出完成後，可按 **返回編輯** 回到編輯畫面繼續操作。

聲音檔匯出後會自動加入在 **媒體** 面板媒體庫中，如果匯出後立即需要使用素材於影片，只要於音軌中插入就可以。

 也可依剛才指定的資料夾路徑找到匯出的聲音檔，於檔案連按二下滑鼠左鍵即可播放。

小提示

不同的音效選項

威力導演中提供了三個格式，以下為格式相關說明：

- **Window Media Audio** (*.wma)：微軟開發的數位音訊壓縮格式，檔案體積較小。
- **Waveform Audio** (*.wav)：音訊格式沒有經過壓縮，所以音質不會出現失真的情況，但相對地，它的檔案大小在各種音頻格式中比較大。
- **MPEG-4 Audio** (*.m4a)：MPEG-4 包含音訊檔及影片檔，而 *.m4a 為其中的音訊格式。

12-5 建立視訊檔 - 匯出 3D 影片

2D 素材可以轉換為 3D 素材，也可以輕鬆匯出 3D 檔案分享給朋友，只要再搭配 3D 觀賞設備即可享受 3D 立體影片。

將 2D 素材轉為 3D 素材

STEP 01 開啟之前製作好的威力導演專案檔，以第八章專案檔為例。於時間軸選取要轉換的素材，按一下滑鼠右鍵，按 **設定片段格式 \ 將 2D 轉換成 3D** 開啟對話方塊，核選 **開啟 2D 到 3D 轉換**，按 **確定**，這樣就完成單一素材套用；如果按 **全部套用** 會一次變更相同剪輯軌上相同性質的素材，套用此轉換後時間軸中的素材上會有 ❶ 圖示，當滑鼠指標移至素材上方時，會出現 **2D 轉 3D** 項目。

STEP 02 想要預覽 3D 素材，可於預覽視窗按 🔲 **設定預覽品質/顯示選項 \ 2D/3D 顯示 \ 自動偵測 3D 模式**，或於清單中選擇想預覽的特定格式：**紅/藍互補影像** 適用於紅藍 3D 眼鏡；**3D-Ready HDTV (Checkerboard)** 適用於主動式快門眼鏡；**Micro-polarizer LCD 3D (Row-interleaved)** 適用於偏光眼鏡。

若按 **標準 2D 預覽** 即可回到 2D 預覽的狀態。

匯出 3D 檔案

 不論原本就使用 3D 素材或透過 **2D 轉 3D** 轉換,只要專案中的素材與特效都為 3D 格式,就可以匯出為 3D 格式影片。選單列按 **匯出**,於 **匯出專案 \ 3D** 標籤,按 **選取檔案格式:WindowsMedia**、**設定檔類型** 清單中選擇匯出檔案的尺寸格式與品質。接著在 **匯出至** 按 🔳 指定檔案的儲存位置與名稱,按 **存檔**,最後按 **開始**,等待檔案匯出即完成。

 依剛才指定的資料夾路徑找到匯出的 3D 影片檔,於檔案連按二下滑鼠左鍵即可播放瀏覽。

小提示

不同 3D 匯出格式需搭配合適的 3D 設備

在威力導演中 3D 匯出格式分為 **左右並排全寬、左右並排半寬、立體** 三種:

- **左右並排全寬、左右並排半寬** 格式:需搭配 3D 眼鏡、3D 螢幕及 3D 播放軟體才能觀看。
- **立體** 格式:一般螢幕搭配紅藍 3D 眼鏡就可以觀看。

用電腦上傳影片到社群平台

12-6

熱門的社群平台包含 FB、IG...等，影片上傳後不僅可以分享給更多好友，還可以得到最即時的討論；在此示範上傳到 FB 貼文，影片上傳限制：檔案大小須低於 10 GB，片長需低於 240 分鐘。

開啟之前製作好的威力導演專案檔，試著將製作完成的影片匯出為 MP4 格式的視訊檔。

 選單列按 **匯出**，於 **匯出專案 \ 標準 2D** 標籤，按 **選取檔案格式：H.264 AVC**，設定匯出檔案的 **副檔名**、**設定檔名稱/品質** 與 **光碟的國別/視訊格式**。

 按 **匯出至：** 指定檔案匯出的儲存位置與檔名，接著按 **存檔**、**開始**。

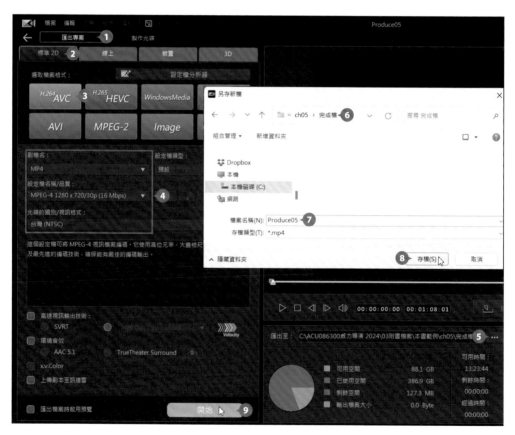

STEP 03 匯出完成後，可以按 **返回編輯** 繼續編輯，或是按 **開啟檔案位置** 進入該檔案的存放位置。

 STEP 04 開啟瀏覽器進入 Facebook 首頁，於 **建立貼文** 欄位下方按 **相片/影片**，先核選欲分享對象：**所有人**，按 **完成**，讓所有人都可以看到，接著輸入貼文相關文字後，再按 **新增相片/影片** 開啟對話方塊。

選擇剛才匯出的 MP4 視訊檔，按 **開啟**，再按 **發佈**，待影片上傳完成，朋友就可以看到這則影片。

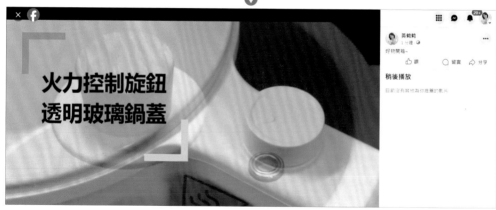

小提示

無法上傳到 Facebook！

影片上傳完成後，Facebook 突然通知 "你的影片已移除，因為其中有些內容可能屬於他人所有"，接著就看不到剛才上傳的影片。這表示影片中的素材可能涉及著作權的問題，包括從 **DirectorZone** 網頁下載的音樂都可能遇到這樣的問題，這時建議可以換首背景音樂再試試。

用手機上傳影片到社群平台

12-7

影片完成製作後，在此示範匯出成 IG、FB 支援的影片格式，並利用手機上傳至社群平台貼文分享。

匯出成手機用的影片格式

市面上的手機大至分 iOS 與 Android 二大系統，可以根據設備選擇匯出的影片格式。(以下將以 9:16 的專案操作示範)

 選單列按 **匯出**，於 **匯出專案 \ 裝置** 標籤，在 **選取檔案格式** 按合適項目 (在此示範 **Apple**)，**設定檔名稱/品質** 選擇合適的影片規格。

 可根據硬體或需求核選或設定匯出技術或環繞音效...等，再按 **匯出至：** 📖 指定檔案匯出的儲存位置與檔名，接著按 **存檔**、**開始**，開始匯出影片。

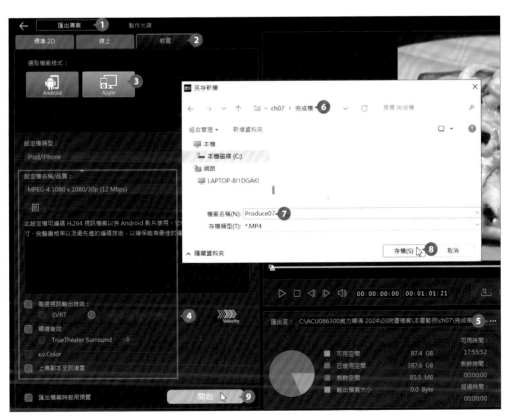

將影片儲存至手機並上傳 IG 貼文

將手機的影片上傳至 IG 或 FB 平台的方式相似，在此示範上傳 IG 貼文。

 利用 USB 線連接手機與電腦，再將檔案複製到手機；或是你也可以利用電腦將檔案上傳到雲端硬碟的方式，之後再從手機下載回來儲存。

 打開手機並點選 Instagram 開啟，於主畫面下方點選 ⊕ 。

 點選相簿，於下方清單中點選製作好的影片，再點選 下一步。

 影片加入後，可點選 編輯影片，針對音訊、文字、修剪、新增片段或貼圖...等進行細部調整，接著點選 ➡，最後指定封面、輸入影片說明文字，點選 分享 即完成 IG 影片上傳。

 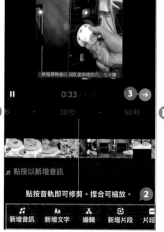 

延伸練習

一、選擇題

1. （   ）以下何者不是威力導演可以匯出的影片格式？

     A. AVI　　B. MP4　　C. FLV

2. （   ）已完成的專案作品，可以按什麼功能切換至匯出畫面建立視訊檔？

     A. **工具**　　B. **播放**　　C. **匯出**

3. （   ）專案中的視訊與音訊如果欲分離，單純匯出聲音檔，需於匯出畫面 **標準 2D** 標籤按？

     A. ♫　　B. AVI　　C. MPEG-2

4. （   ）時間軸上選取要轉換成 3D 的 2D 素材，按滑鼠右鍵按 **設定片段格式 \ ？**

     A. **設定 3D 來源格式**　　B. **將 2D 轉換成 3D**　　C. **設定顯示比例**

5. （   ）在威力導演中 3D 匯出格式，下列哪一種不是？

     A. **左右並排全寬**　　B. **水平並排半寬**　　C. **立體**

二、實作題

請依如下提示完成第五章延伸練習「教學影片」影片匯出與上傳社群平台。

1. 開啟第五章延伸練習完成的專案檔，匯出 WMV 格式的視訊檔。

2. 開啟瀏覽器進入 Facebook 首頁，並上傳剛才匯出的 WMV 影片，建立貼文。

快快樂樂學威力導演 2024--影音剪輯與 AI 精彩創作

作　　者：鄧君如 總監製 / 文淵閣工作室 編著
企劃編輯：王建賀
文字編輯：江雅鈴
設計裝幀：張寶莉
發 行 人：廖文良

發 行 所：碁峰資訊股份有限公司
地　　址：台北市南港區三重路 66 號 7 樓之 6
電　　話：(02)2788-2408
傳　　真：(02)8192-4433
網　　站：www.gotop.com.tw
書　　號：ACU086300
版　　次：2024 年 02 月初版
建議售價：NT$450

國家圖書館出版品預行編目資料

快快樂樂學威力導演 2024：影音剪輯與 AI 精彩創作 / 文淵閣
工作室編著.-- 初版.-- 臺北市：碁峰資訊, 2024.02
　　面；　公分
　　ISBN 978-626-324-741-3(平裝)
　　1.CST：多媒體　2.CST：數位影像處理　3.CST：人工智慧
312.8　　　　　　　　　　　　　　　　　　113000575